L'ÉNERGÉTIQUE

ET

LE MÉCANISME

AU POINT DE VUE

DES CONDITIONS DE LA CONNAISSANCE

L'ÉNERGÉTIQUE

ET

LE MÉCANISME

AU POINT DE VUE

DES CONDITIONS DE LA CONNAISSANCE

THÈSE COMPLÉMENTAIRE
Présentée à la Faculté des Lettres de l'Université de Paris

PAR

ABEL REY

Professeur agrégé de Philosophie au lycée de Beauvais.

PARIS

FÉLIX ALCAN, ÉDITEUR

LIBRAIRIES FÉLIX ALCAN ET GUILLAUMIN RÉUNIES

108, BOULEVARD SAINT-GERMAIN, 108

1907

L'ÉNERGÉTIQUE
ET LE MÉCANISME

AU POINT DE VUE

DES CONDITIONS DE LA CONNAISSANCE

CHAPITRE PREMIER

INTRODUCTION
LE PROBLÈME, LA MÉTHODE

1. La divergence qui peut être notée parmi les physiciens contemporains au sujet de la forme de la physique théorique. — 2. Le mécanisme. — 3. L'énergétique. — 4. La question posée par ces deux formes générales de la physique théorique est à la fois d'ordre scientifique. — 5. Et d'ordre psychologique. Ce point de vue seul sera considéré, le point de vue scientifique ne relevant que de la critique des savants et restant en ce moment en pleine discussion.

1. — Les physiciens contemporains s'accordent tous à reconnaître la valeur objective complète des résultats purement expérimentaux. Ceux-ci constituent véritablement la science de la physique, et, sauf dans des cas exceptionnels, momentanés, dans la science en train de se faire. il n'y a, à leur sujet, aucune divergence. Dans les

cas indécis, tous sont d'accord d'ailleurs, pour s'en remettre à l'expérience mieux informée.

La science physique n'est donc ni un « art arbitraire », ni une « science à refaire à chaque régénération ». Elle est un ensemble de résultats expérimentaux qui s'accroît sans cesse, sans jamais laisser, — sauf en ce qui concerne les erreurs d'expérience —, périr l'acquis dont elle part. Il ne faut pas craindre de le répéter. L'avis des physiciens contemporains est ici unanime.

Mais unanime aussi est leur avis pour reconnaître à côté de l'expérience la part de l'hypothèse, de la théorie. La physique théorique, chargée de systématiser les résultats de l'expérience, n'a pas l'*unité de ces résultats*. Les physiciens se sont toujours battus sur ce terrain. Et ils se battent encore. La physique contemporaine nous montre deux écoles rivales : l'Énergétique et le Mécanisme. C'est la seule divergence qui existe entre eux, mais elle existe, et rien ne montre que le débat doive être bientôt tranché.

En quoi consiste cette divergence ? La physique théorique se mêle à la physique expérimentale, à la fois comme une méthode d'exposition, et comme une méthode de recherche. La divergence est donc d'ordre méthodologique : ce qui explique qu'elle n'atteigne pas la valeur objective des résultats expérimentaux qui constituent le contenu, la réalité de la science physique. La rivalité entre l'énergétique et le mécanisme soulève non une question de résultats, mais une question de méthode. Elle peut se formuler ainsi : quelle méthode convient-il de suivre dans la construction de la physique théorique ? Les données de la question sont donc les caractères que chacune des deux écoles assigne à la méthode qu'elle préconise.

2. — La physique mécaniste cherche à *expliquer* l'expérience ; elle veut, au-dessous des apparences immédiates, trouver des faits permanents et généraux qui en rendent raison. Les mécanistes ne distinguent plus guère actuellement entre les hypothèses atomistes, newtoniennes, ou cartésiennes. Ils visent, avant tout, à nous fournir une représentation de l'univers, construite à l'aide du plus petit nombre d'éléments possible, ces éléments était les plus simples possible. Comme dans les sciences de la nature, c'est la mécanique, ou science du mouvement, qui utilise le plus petit nombre d'éléments, et les éléments les plus simples, il en résulte que ces physiciens cherchent à construire une représentation du monde physique en continuité avec la mécanique.

Il y a encore une autre raison qui les incline à chercher une représentation mécanique des phénomènes physiques : c'est qu'au fond toutes nos représentations psychologiques sont accompagnées de la représentation d'un mouvement. aussi bien dans le milieu extérieur que dans notre organisme. Une transformation physique est donc toujours liée, si nous en faisons l'analyse exacte, à du mouvement. De là cette idée de chercher à figurer tous les phénomènes par un mouvement. D'autre part, comme la science du mouvement essaye de représenter le mouvement à l'aide du plus petit nombre d'éléments possible, et des éléments les plus simples et les plus clairs, elle tend à réduire le mouvement à ses conditions géométriques. Les forces newtoniennes seront les simples effets du mouvement des masses, (hypothèse atomique), et les masses elles-mêmes seront dérivées purement et simplement des mouvements donnés dans un milieu homogène. On considère que l'hypothèse cartésienne est la plus simple et la plus démonstrative. Hertz, Sir William Thomson, Helmholtz, Gibbs, Lorentz, Larmor, se sont efforcés de mettre ces hypothèses en harmonie avec les découvertes les plus récentes, de façon qu'elles puissent les représenter suffisamment. Actuellement, sous le nom de physique des électrons, une science issue de l'hypothèse mécaniste et cartésienne cherche à représenter tous les phénomènes de l'univers en considérant que l'élément primordial est l'éther électro-magnétique, et que les mouvements qu'y produisent et créent les particules électrisées, sont l'origine des phénomènes que nous appelons matériels. La mécanique classique, telle qu'elle a été établie par Galilée et Newton, ne serait qu'un cas privilégié de cette mécanique plus générale, lorsque les particules matérielles considérées, et les agrégats qu'elles forment, ont des vitesses assez éloignées de celle de la lumière. Le mouvement seul est à la base de cette hypothèse. La notion de masse, elle-même, n'est qu'une fonction du mouvement. Larmor a essayé une représentation purement mécanique dans laquelle la dynamique des électrons se déduit du milieu où ils se meuvent.

3. — Les énergétistes, au contraire, prétendent que c'est outrepasser le droit de la science et la portée de notre connaissance, que de chercher à nous représenter une source homogène et unique d'où pourraient se déduire tous les phénomènes naturels. La réalité ne peut pas être pénétrée sous les apparences qui la manifestent. L'hypothèse physique, au lieu de chercher à expliquer par des mécanismes ingénieux l'origine lointaine des phénomènes, doit se contenter de les classer et de les décrire. Tous les phénomènes physico-chimiques sont, en effet, des variations de l'aspect sous lequel se présente la nature, variations qui nous sont connues par nos sensations. Nous aurons une description scientifique de l'univers quand nous saurons exactement comment ces

variations se produisent, quand nous pourrons
prévoir d'une façon mathématique les différentes
sensations que nous ressentirons dans des conditions déterminées. L'hypothèse énergétique
affirme qu'avec les formules qu'elle déduit des
principes de la conservation de l'énergie et de
l'entropie, et avec des expériences détaillées qui
précisent dans chaque cas les quantités com-
prises dans ces formules, nous pouvons arriver à
posséder cette description et ces moyens de prévision. Toute variation dans l'aspect d'un phénomène est, en effet, une transformation de l'énergie ; on doit donc pouvoir déduire les variations
des phénomènes naturels, des lois qui régissent
les transformations de l'énergie. L'énergie n'est
pas autre chose qu'une variable mathématique.
La théorie énergétique se défend de toute enquête
sur la nature intime de cette énergie. Elle laisse
cette recherche aux hypothèses mécanistes. Pour
elle, le problème essentiel est de trouver des formules liant les variations des variables « éner-
gies », avec les variations observées dans l'expérience. Nous n'avons pas le droit de dériver toutes
les représentations que nous offre la nature du
type unique de représentation qu'est le mouvement. Le mouvement n'est qu'un phénomène (une
manifestation d'une énergie particulière comme
les autres) et il n'y a pas de raison pour qu'il soit
pris comme l'équivalent de tous les autres.

4. — La question posée entre l'énergétique et le mécanisme est d'abord d'ordre scientifique. A ce point de vue, chacune de ces théories se différencie de l'autre uniquement par la façon dont sont disposées et classées les différentes lois découvertes grâce à l'expérience. Quelle est la meilleure de ces dispositions, de ces classifications ? C'est une question que le temps, d'une part, les progrès de la science, d'autre part, peuvent seuls résoudre ; c'est une question qui n'intéresse que les physiciens, dans la pratique quotidienne de l'exposition et de la recherche des lois physiques. Remarquons que l'on pourrait même soutenir que les deux théories sont aussi légitimes l'une que l'autre et que ce débat ne comporte pas d'issue. En effet, on peut disposer le même contenu scientifique dans des ordres différents : cela dépend des principes que l'on choisit comme point de départ, et il se peut faire que rien ne soit changé dans la vue scientifique de la nature au point de vue des connaissances que nous en avons, soit que l'on parte des principes de la thermo-dynamique, soit que l'on parte des principes de la mécanique. Dans un cas on considérera que les principes de la mécanique sont une conséquence particulière des principes relatifs à l'énergie. Dans l'autre cas, on considérera, au contraire, que les principes de l'énergie sont une extension des principes de la mécanique ou une

addition nécessaire apportée à ces principes pour continuer avec fruit nos investigations sur la nature ; mais l'ensemble de la physique, les connaissances réelles qu'elle nous donne, ne seront nullement modifiés, selon que l'on adoptera l'un ou l'autre système. Il n'y aura que la manière d'exposer qui changera. Ainsi, aujourd'hui, nous voyons que parmi les mécanistes, certains considèrent sans cesser d'être mécanistes, que les principes de la mécanique rationnelle ne sont qu'un cas particulier, le plus simple, des principes de la mécanique électro-magnétique. Cela ne veut pas dire que les lois de la mécanique soient fausses, ni même que le mécanisme soit une mauvaise méthode de recherche en physique ; cela peut vouloir dire simplement qu'il faut compléter le mécanisme traditionnel par des représentations mécanistes nouvelles, ajouter aux principes de la mécanique des principes nouveaux, pour avoir une vue adéquate de la nature. Pour tout dire, puisque les physiciens contemporains se partagent sur la question et ne peuvent se convaincre, la question n'est pas soluble à un point de vue scientifique, au moins actuellement.

5. — Mais ne peut-on pas, ne doit-on pas examiner la question à un autre point de vue que ce point de vue scientifique exclusif ?

Certes, dans les problèmes soulevés par la science, il faut se garder avec soin d'aller sur les brisées des savants et d'y mêler son incompétence. La dialectique philosophique a été trop souvent portée à les résoudre d'une façon étrange et elle n'y a pas gagné grand crédit auprès des savants. Mais tout en reconnaissant que les questions générales (de méthode, d'esprit, d'idées directrices), en matière de science, sont encore du ressort des savants, que nul mieux que les praticiens professionnels n'est qualifié pour élaborer la logique positive de leur science, et même pour en aborder la philosophie, il faut reconnaître que la pratique de la science ne suffit pas à résoudre tous les problèmes logiques et philosophiques qu'elle peut poser. Or, ici n'atteignons-nous pas un problème à la fois logique et philosophique? Car il s'agit d'une question de méthode et d'une question d'esprit. Il s'agit de chercher ce que sera la science physique de demain et quel est l'avenir de la science physique.

La question se pose alors de savoir, puisque le problème de la rivalité de l'énergétique et du mécanisme peut être porté sur un autre terrain que le terrain scientifique, si nous avons une méthode d'étude propre à nous permettre une induction, une hypothèse vraisemblable. Cette hypothèse serait utile pour déterminer l'esprit général de la physique contemporaine.

La science est un produit de facteurs psychologiques et sociaux. C'est un système de représentations collectives. Puisque la science a des facteurs psychologiques et sociaux, l'étude de ces facteurs peut permettre de risquer une hypothèse sur leurs effets probables, donc sur le développement de la science. En étudiant la science comme un produit psychologique et social, — et c'est un point de vue qui sera nécessaire à la logique de la science — il y a peut-être moyen d'atteindre par un biais nouveau, autre que le biais exclusivement scientifique, le problème général de la méthode. Et il n'est pas inutile de l'aborder par ce biais, car le développement de la science ne peut pas plus se soustraire à ses conditions psychologiques et sociales qu'un chien sauter sur son ombre.

Quelles sont les conditions sociologiques de la science ? Nous n'en savons rien. L'étude positive n'en a à peu près pas été abordée. En tout cas, il n'y a aucun résultat probant dont nous puissions partir. Les indications très vagues de l'histoire des sciences seules seront à retenir, et encore elles ne peuvent être considérées, dans l'état actuel de l'histoire des sciences que comme des indications psychologiques.

Le problème ici posé ne peut donc être traité que d'une façon hypothétique, et seulement à l'aide de données psychologiques. Celles-ci sont loin encore d'avoir toute la précision et la certitude désirables; mais enfin elles existent et sont déjà importantes si l'on se contente d'aperçus très généraux. Il va donc s'agir ici de déterminer, d'après les conditions psychologiques de la connaissance, quelques indications relatives à la forme générale de la physique théorique, à l'énergétique et au mécanisme?

Et peut-être aussi, par un choc en retour, l'étude de ce problème pourra-t-elle jeter un jour nouveau sur la psychologie des fonctions supérieures de l'esprit. Les sciences et leur histoire ne sont elles pas les faits qu'ont à considérer, en cette matière, les recherches expérimentales?

CHAPITRE II

UNE PREMIÈRE LOI GÉNÉRALE
DE LA CONNAISSANCE
L'INCONNU DÉTERMINÉ EN FONCTION DU CONNU

1. L'énergétique rompt avec le développement traditionnel de la physique moderne. Cette rupture s'impose-t-elle ? — 2. Difficultés psychologiques entraînées par cette rupture. Légitimité du point de vue psychologique pour juger de la forme générale de la systématisation physique. Ce point de vue psychologique est inséparable du point de vue logique. — 3. La loi la plus importante relative à l'acquisition des connaissances : La connaissance de l'inconnu à l'aide du connu. Le mécanisme répond beaucoup mieux à cette loi de la connaissance que l'énergétique. — 4. Aussi conserve-t-il beaucoup mieux le plan traditionnel de la systématisation physique et la continuité historique — 5. Les avantages, au point de vue psychologique, à conserver, autant que possible, dans la systématisation, l'ordre d'acquisition des connaissances : on présente les choses sous la forme la plus familière. — 6. Comment il faut entendre la conservation de l'ordre historique dans le mécanisme.

1. — La construction énergétique a la prétention d'être plus simple, plus économique pour quelques-uns de ses partisans (Mach), et pour d'autres

d'être une description moins aventurée et plus exacte de la nature (Rankine, Duhem), pour tous d'être plus claire, plus scientifique, c'est-à-dire d'être mieux adaptée aux exigences, aux besoins que la science a pour but de satisfaire. Est-ce bien exact?

Une chose frappe, quoi qu'on pense de la valeur de la théorie énergétique : elle rompt avec la marche ordinaire de la science. L'énergétique ne tient aucun compte de l'unité historique du développement scientifique. Elle la brise et la fragmente ; et si elle rétablit une unité nouvelle, (car voulant maintenir tous les droits et les titres traditionnels de la science, l'énergétique, aussi bien que le mécanisme, ne tient pas plus à renoncer à l'unité qu'à l'objectivité du savoir), cette unité procéde d'un tout autre point de vue. La science, arrivée à une certaine période de son développement, retournerait en quelque sorte sur ses pas : elle poserait d'abord la loi générale qui est son point d'arrivée et son but; elle en déduirait ensuite par des restrictions appropriées, les lois particulières. Ce n'est pas là, à proprement parler, adresser une critique à l'énergétique, au point de vue de sa valeur scientifique, car il ne faudrait pas hésiter devant une inversion complète des dispositions théoriques, si cette inversion était réclamée par les progrès de la science. Au fond, un renversement plus complet et plus profond des choses a bien marqué le passage du stade métaphysique au stade positif. C'est plutôt caractériser le procédé général, la forme de l'énergétique, et montrer que cette forme est toute nouvelle dans la physique positive. Seulement il s'agit de voir si cette forme présente des avantages qui doivent l'imposer de préférence à la forme mécaniste, et le problème est facilité par ce fait qu'au point de vue de la construction scientifique du procédé d'organisation et de disposition des connaissances, l'énergétique s'oppose au mécanisme, comme l'antithèse à la thèse. Une théorie fait donc par sa disposition même la critique des points par lesquels elle diffère de l'autre. Et comme elles ne diffèrent que par la forme et la disposition générale, la forme de l'une des théories est pour ainsi dire la critique de la forme de l'autre.

2. — Or, si cette inversion de forme ne saurait a priori fournir un argument contre son installation définitive dans la science, elle présente des difficultés, et des difficultés considérables au point de vue psychologique.

Il serait certainement ridicule de juger des propositions avancées par un savant, d'un point de vue psychologique, encore que ce point de vue ait son rôle, car il ne faut pas que ces propositions soient incompréhensibles ou absurdes, ce qui revient à dire qu'il ne faut pas qu'elles répugnent absolument à nos fonctions cognitives. Mais si le point de vue psychologique intervient déjà nécessairement, et d'une façon si naturelle qu'elle est inconsciente, dans l'élaboration et, par suite, dans les moyens d'appréciation d'une proposition scientifique, ne serait-ce que pour fournir le moyen de discerner les chances de vérité ou d'erreur, ou de distinguer la proposition d'un savant de celle d'un fou, à plus forte raison doit-il intervenir dans l'appréciation d'un mode de systématisation et d'organisation des connaissances acquises, et bien plus grand y doit être son rôle. La systématisation des connaissances ne vise-t-elle pas exclusivement la commodité ou la satisfaction de l'esprit ? Ne répond-elle pas entièrement à un besoin psychologique et n'a-t-elle pas une fin uniquement psychologique ?

3. — L'une des conditions primordiales de la connaissance, les mieux mises en évidence par la psychologie contemporaine, celle qui constitue la loi la plus importante relative à l'ordre d'acquisition de nos connaissances peut être formulée ainsi : « La connaissance va du connu à l'inconnu en retrouvant toujours dans une certaine mesure le connu dans l'inconnu[1]. »

1. Par exemple : « Démontrer, en matière d'enseignement c'est *retrouver* par l'attention *le connu dans l'inconnu.* » Ruyssen *Évolution psychologique du Jugement*, p. 200 (Paris. F. Alcan). Voir l'ouvrage entier sur le bien fondé

Malgré sa forme presque tautologique. cette loi a. si on la comprend bien, une signification très pleine, très remarquable et grosse de conséquences, au point de vue de la théorie du savoir. Elle signifie que c'est *grâce* à ce qu'on connaît déjà, qu'on apprend quelque chose de nouveau ; les connaissances nouvelles ne se juxtaposent pas aux connaissances anciennes. Elles en procèdent. Toute connaissance nouvelle est fonction des connaissances anciennes, et lui est rattachée par un lien nécessaire, car sans la connaissance ancienne elle n'existerait pas, ou, tout au moins, elle n'existerait pas comme elle est. L'ensemble des faits représentatifs constitue une unité organique et continue. Une rupture établie dans ce champ est une altération. une violation, des lois du savoir. A vrai dire. une rupture complète est impossible. Elle ne peut être qu'apparente et dans une certaine mesure, illusoire. Mais cette apparence de rupture sera toujours une difficulté, un embarras, dans l'exercice de nos fonctions cognitives, un malaise dans notre organisation psychologique. De cette loi se déduit immédiatement cette conséquence : la connaissance des phénomènes va toujours d'un phénomène relativement simple à des phénomènes relativement complexes

de cette loi psychologique qui n'est que l'expression du principe de l'habitude et de l'adaptation dans la connaissance.

en éclairant les derniers par le premier. La connaissance, aussi bien dans la perception de l'enfant, que dans les régions encore inexplorées de la science, se fait de proche en proche, par une assimilation continue. La science semble progresser comme semblent se propager les ondes dans une eau tranquille, en s'élargissant d'une façon uniforme et continue autour d'un centre unique. Or la systématisation mécaniste reproduit nettement dans ses grandes lignes ce processus psychologique. Elle est l'expression manifeste de cette tendance intellectuelle. L'énergétique suppose au contraire, implicitement qu'à chaque découverte nouvelle la physique théorique est complètement remaniée et transformée, car elle prend pour point de départ de sa systématique les dernières généralisations de la science. Ceci était parfaitement légitime avec une psychologie qui comme la psychologie Platoninicienne admettait un intellect capable de saisir immédiatement le général Ce n'est plus aussi logique, ni aussi compréhensible avec les données de la psychologie contemporaine, avec les données de l'histoire des sciences depuis la Renaissance, enfin avec la philosophie même de l'énergétique, qui est un phénoménisme empirique. Tous les savants admettent depuis trois siècles que la marche de toutes les sciences est une ascension souvent lente et pénible, pleine d'erreurs. du particulier au général. Les lois les plus générales auxquelles nous nous élevons ne sont donc bien souvent que des cas particuliers d'une loi plus générale ignorée encore. Qu'une découverte nouvelle vienne la révéler et toute la systématisation, comprise comme la comprend l'énergétique, est à refaire. La physique théorique de l'école précédente n'existe plus. Il faut la remplacer par une autre, puisque la proposition générale prise pour base n'est plus que la conséquence, la dérivée d'une proposition nouvelle.

N'est-ce pas cette conclusion qu'énonce Brunetière lorsqu'il prétend que la science tout entière est à refaire à chacune des époques que traverse la civilisation? Si la conception énergétique triomphait, je crains bien qu'il ne faille lui donner raison en ce qui concerne les sciences physicochimiques.

La systématisation physique sera sans cesse à refaire, puisque les points de départ de cette systématisation — les bases mêmes de l'édifice — devront être renversées et remplacées par d'autres. Sans aller jusqu'à ce paradoxe dont l'interprétation pourrait être récusée à bon droit par les physiciens et l'a été en termes durs par quelques-uns d'entre eux, à tout le moins faudrait-il reconnaître que la physique aurait à chaque époque besoin d'un remaniement très profond et très général. Or, l'histoire de la physique, depuis qu'elle est devenue positive, indique que les principes, une fois posés, s'ils ont parfois une extension trop générale, trop arbitraire, si, d'autres fois, ils ne suffisent pas à expliquer les phénomènes auxquels ils avaient d'abord été appliqués, restent pourtant des conditions fondamentales, nécessaires de la théorie physique. Et des énergétistes comme Mach ou Duhem, sont les premiers à montrer la continuité historique des sciences physico-chimiques, et l'enchaînement interne de leur transformation. La théorie mécaniste ne répond-elle pas alors plutôt à ces particularités de l'histoire de la physique, particularités si constantes qu'elles paraissent bien essentielles et émanées de la nature même de cette science ?

4. — Avec le mécanisme, l'organisation générale de la physique théorique procède des expériences particulières qui ont permis d'établir les relations les plus simples, en général les premières aperçus, aux expériences nouvelles qui permettent, soit d'*élargir l'extension* des premières relations, soit de les compléter en en modifiant le sens, pour les rendre plus extensives, soit, enfin, de leur ajouter des relations nouvelles également nécessaires si les premières sont insuffisantes. Ainsi la physique ressemble, à travers la systématisation mécaniste, à un édifice dont le plan général reste identique et qui s'accroît d'une façon continue d'après ce plan, à un édifice qui

s'achève, sans qu'on ait jamais besoin d'en détruire les parties primitives. Il suffit de le débarrasser, à mesure, des parties provisoires et des charpentes adventices, ou de lui imposer quelques remaniements toujours assez superficiels et d'ordre secondaire. Cette continuité dans la construction générale, cette fidélité aux plans antérieurs semblent s'accorder d'une façon remarquable avec le développement historique des sciences physico-chimiques.

Le mécanisme procède donc toujours du connu à l'inconnu. Toute démarche de la pensée est fonction de ses démarches précédentes. La connaissance progresse non en supprimant, en substituant, en créant et faisant de chacun de ses pas une sorte de commencement absolu, mais en remaniant et corrigeant ses premières affirmations, dont quelque chose d'essentiel, à y prendre bien garde, reste toujours posé.

L'ordre systématique suivi par le mécanisme a ce grand mérite de rester fidèle aux nécessités de notre connaissance, en ce qu'il respecte son aspect organique, et sa loi de continuité, en ce qu'il évite le bouleversement complet de nos manières de voir à chaque grande généralisation nouvelle, à chaque grande période de l'histoire de la physique. Les vues du physicien se changent, se transforment, se complètent, se généralisent ou se précisent, en respectant toujours en gros l'édifice du passé, l'acquis des âges précédents, pourvu, bien entendu, que cet acquis ait été conforme aux exigences de la méthode.

5. — Mach n'hésite pas à reconnaître « qu'une hypothèse peut faciliter considérablement l'intelligence de faits nouveaux, en leur substituant des idées déjà familières : elle est alors *efficace*. » Ne donne-t-il pas là une des preuves de l'efficacité du mécanisme, et l'une de ses raisons psychologiques ?

L'avantage d'établir une systématisation à partir des représentations les plus abordables et les plus familières (par conséquent, les premières acquises), est incontestable. De même que l'idée résulte de l'évolution d'une image ou d'un groupe d'images, une idée plus générale est toujours le résultat de l'évolution d'une idée ou d'un groupe d'idées qui l'étaient moins. C'est cette évolution qui la crée, qui la façonne, et qui l'impose. La science sort du sens commun. La systématisation physico-chimique résulte, somme toute, de l'évolution du système de la perception extérieure. La science doit donc continuer le sens commun, et la systématisation physico-chimique a intérêt à se présenter comme assise sur les expériences les plus simples et les plus familières[1]. Il paraît utile, indispensable même, de

1. Cf. sur les rapports de la science avec le sens com-

conserver dans la science les traces de son évolution. car il y a là une condition nécessaire de clarté, d'intelligibilité et de progrès. La conception formaliste de la physique, surtout entre les mains de Duhem (car Mach accorde une grande importance à l'histoire de la science, encore qu'il sacrifie volontiers le souvenir de cette histoire dans la forme idéale et définitive qu'il assigne à la science) ne prépare-t-elle point à en faire trop bon marché ?

6. — Il faut d'ailleurs faire quelques réserves ou plutôt prendre certaines précautions au sujet des traces laissées par l'évolution de la physique dans la théorie mécaniste. D'abord l'ordre historique n'est conservé qu'en gros, et cette conservation n'apparaît jamais qu'avec un recul assez considérable. Au contraire, au moment d'une grande découverte, il semble toujours que la systématisation physique soit remaniée profondément. Là où plus tard se dessinera une évolution. les contemporains sont toujours portés à voir une révolution. — Ensuite les principes ne conservent pas une ampleur constante. A l'origine toute loi très générale est érigée en principe universel d'explication. car sa découverte se présente comme la résultante de tous les travaux

mun : Le Roy. *Rev. de métaphysique.* 3 janvier 1901. p. 143...51.

antérieurs, ou de la plus grande partie d'entre eux. Elle les exprime. Aussi croit-on qu'elle n'a d'autres limites que celles de la science physique. Mais peu à peu des obstacles s'élèvent ; des faits nouvellement aperçus se réduisent mal au principe considéré ; ou ils amènent à formuler une nouvelle loi générale qui s'ajoute à celui-ci, soit comme une restriction nécessaire, soit comme une extension légitime. Le premier principe ne s'applique donc plus, *sous la même forme*, à tout le contenu de la physique; il ne commande, *sous cette forme*, qu'à la partie de la physique pour laquelle il a été vérifié expérimentalement, et qui constituait autrefois à peu près toute la physique. Au delà son sens se modifie, tout en restant en continuité avec le premier; ou bien un nouveau principe est considéré à côté de lui.

Tandis donc que l'énergétique veut qu'il y ait eu après les découvertes de la thermodynamique une réformation complète de la physique, entraînant l'abandon de théories figuratives au moyen du mouvement, le mécanisme considère que toutes les acquisitions nouvelles se relient aux anciennes. Ces dernières ne sont que les cas privilégiés qui ont permis d'entrevoir tout d'abord, et d'ordinaire dans une signification partielle les principes fondamentaux. Mais le développement de la science, comme celui de la connaissance, n'en réagit pas moins, par un choc en retour sur

les acquisitions antérieures. Le développement
général des théories mécanistes, en est la preuve.
Toutes les grandes découvertes ont modifié les
théories en cours, en fournissant un angle nouveau sous lequel on a envisagé le domaine entier
de la physique, et par suite les bases sur les-
quelles la théorie physique était établie. Seulement un tassement n'a pas tardé à se produire,
et sous des conditions nécessaires d'extension et
d'élargissement des vues primitives, la physique
mécaniste continuait son évolution à partir des
vues primitives : les hypothèses mécanistes se
sont donc substituées les unes aux autres après
des périodes passagères de bouleversement, en
persévérant dans la même voie. Si bien que le
mécanisme a, selon l'époque, une nuance carac-
téristique tirée des découvertes à l'ordre du jour.

Avec Galilée, ce sont les lois de la chute des
corps, de la balistique et des machines simples
qui fournissent les bases de la première grande
théorie mécaniste moderne ; ensuite les découvertes hydrostatiques avec Stévin, Torricelli,
Descartes (la part de Pascal semble très exa-
gérée [1]) paraissent avoir leur aboutissant dans la
théorie tourbillonnaire. L'étude des lois du choc
avec Huyghens se relie aux spéculations de

---

1. Cf. à ce sujet : Mathieu. *l'expérience du Puy-de-Dôme*,
Revue de Paris. 1906. 1er semestre.

Galilée et Gassendi et rajeunissent l'atomisme. La critique de la physique cartésienne par Leibniz, et surtout la découverte de l'attraction universelle et les vues de Newton imposent au mécanisme une forme qui régnera pendant tout le xviiie siècle et le commencement du xixe. Viennent ensuite les études de Fresnel d'une part, les découvertes de la thermodynamique (les conceptions de Gibbs, Helmholtz, lord Kelvin) enfin, les dernières en date, les découvertes et les idées de Maxwell, Hertz, Zeemann, et les travaux relatifs à la radioactivité. De nouveau ces découvertes retentissantes donnent à la théorie physique fondée sur la représentation du mouvement une orientation nouvelle. Mais de même que les découvertes de Galilée sont toujours restées à la base de toutes les théories antérieures, déjà les efforts se multiplient pour intégrer les résultats nouveaux, dans la systématisation, en continuité avec les principes de la mécanique. Ceux-ci manifestement, ne sont plus vus sous le même angle que dans les théories précédentes ; mais, manifestement aussi ils restent, à un titre de plus en plus partiel, parmi les fondements de l'édifice.

De ce point de vue, l'énergétique pourrait être considérée comme une déviation de la physique théorique sous l'influence des découvertes du milieu du xixe siècle dans le domaine de la thermodynamique. Les principes relatifs à la théorie de la chaleur furent considérés, de même qu'aujourd'hui, les principes relatifs à la théorie de l'électricité, comme les fondements de la physique théorique. La chaleur étant en elle-même très éloignée de la représentation du mouvement, et ses lois se prêtant merveilleusement à une construction toute mathématique, le bouleversement alla jusqu'à mettre en question le mécanisme lui-même. Le mouvement critique, pour ces raisons psychologiques, dépasse en amplitude les précédents, et au lieu de rester une polémique, *au sein* du mécanisme, il dévia en une polémique *contre* le mécanisme. Cette hypothèse ne donnerait à la théorie énergétique qu'une valeur momentanée et provisoire. Elle serait à bref délai absorbée par le mécanisme. L'état actuel de la physique théorique, le succès de la théorie électronique qui nous ramène à la grande tradition des représentations figuratives au moyen du mouvement, et à la continuité évolutive du mécanisme [1], sous les précautions qui viennent d'être énoncées, rendent l'hypothèse assez vraisemblable.

---

1. Que la théorie de l'électricité soit une simple extension de la mécanique rationnelle (Lorentz, Larmor, ou que les lois fondamentales de la mécanique ne soient que la première aperception, exacte dans les limite où elle fut d'abord donnée mais bornée à ces limites, des lois fondamentales de la physique (Langevin) : la mécanique rationnelle n'en resterait pas moins le cas privilégié qui permet d'établir le reste.

CHAPITRE III

UNE DEUXIÈME LOI GÉNÉRALE
DE LA CONNAISSANCE
LE RYTHME DE LA CONNAISSANCE

1. Les premières relations découvertes sont d'ordinaire aussi celles que l'expérience présente le plus souvent : elles sont donc plus susceptibles que toute autre de fournir les principes les plus généraux. — **2.** La loi du rythme. — **3.** Principaux corollaires de la loi psychologique qui a été énoncée. Premier corollaire : La connaissance vivante procède à partir du fait particulier. — **4.** Deuxième et troisième corollaires : Toute connaissance générale part donc d'*abord* du fait particulier, puis généralise, non en abstrayant, mais en composant le fait particulier ou en le retrouvant. — **5.** A ces nouveaux points de vue, le mécanisme répond encore mieux que l'énergétisme à nos besoins psychologiques d'intelligibilité et de clarté.

1. — D'ailleurs, ne sont-ce point les premières relations découvertes entre les phénomènes qui. rectifiées, épurées par les progrès mêmes de la connaissance, finissent par constituer en grande partie les principes fondamentaux dans tout système de connaissance ?

Il est à supposer que ce qui frappe, en effet,

au milieu du chaos des représentations, ce sont les représentations qui se reproduisent pour ainsi dire constamment. Les relations les plus générales sont donc celles qui doivent fixer d'abord l'attention et être étudiées les premières et le plus facilement. Elles doivent être également les plus simples, car les combinaisons compliquées ont évidemment moins de chances de se reproduire fréquemment et sous une forme presque identique. Aussi l'histoire des sciences nous présente-t-elle en général parmi ces découvertes primitives, celles qui fournissent ensuite directement la matière des généralisations les plus vastes. Gauss observe que l'on ne peut plus apporter à la mécanique aucun principe essentiellement nouveau[1].

L'esprit est frappé par un fait particulier qu'il étend presque de suite aussi loin qu'il est possible, ou, plus exactement sans doute, qu'il universalise. Condillac exprimait cela très nettement. Sa statue animée, lors de sa première sensation (l'odeur d'une rose), devenait disait-il, « *tout entière* odeur de rose ». On connaît l'incroyable difficulté pour un esprit peu cultivé et même de moyenne culture, d'imaginer des coutumes, des traditions, des milieux géographiques, politiques, religieux, intellectuels ou

1. *Journal de Crelle*, IV. 1829. p. 233.

sociaux, autres que ceux dans lesquels il vit. Le
fait particulier remplit la capacité de l'esprit et
se pose comme une généralité. C'est par d'autres
faits particuliers, tombant ensuite dans l'expérience, que l'extension indéfinie, donnée au premier, se limite, s'amoindrit et se corrige.

Le processus normal de la connaissance va
donc d'une connaissance particulière précise à
une connaissance générale très vague et grosse
d'erreurs, puis, par une série de faits particuliers
nouveaux, corrige cette conjecture générale.
mais, mutatis mutandis, en la continuant.

2. — Ces considérations nouvelles nous amènent à formuler une seconde loi, relative à l'acquisition et au développement de la connaissance.
aussi importante que la première. Les observations psychologiques sur l'enfant et le sauvage
la confirment ; mais l'histoire des sciences la
manifeste avec une très grande netteté et d'une
façon constante. On pourrait l'appeler loi du
rythme intellectuel, et la formuler ainsi : La connaissance procède par un rythme perpétuel de
synthèse et d'analyse, de généralisation et de
restriction[1]. Tous les logiciens ont noté dans les
opérations de l'esprit l'existence de ces deux

1. On peut consulter au sujet de cette loi : Ribot. *Évolution des idées générales*, 1re partie, *passim* (Paris. F.
Alcan). Elle y est reliée à la loi fondamentale de l'activité
representative : on pourrait la relier à la loi biologique

périodes : le jugement analytique et le jugement synthétique, l'induction et la déduction, l'association et la dissociation, la généralisation et l'abstraction. Seulement, on les a en général considérées à part et isolées l'une de l'autre. On a commencé par poser d'un côté les opérations relatives à l'analyse, de l'autre, les opérations relatives à la synthèse, en séparant complètement leurs domaines. Nous avons eu ainsi les sciences inductives et les sciences déductives, les opérations analytiques et les opérations synthétiques de l'entendement. Lorsqu'on s'est rendu compte des difficultés où conduisaient cette abstraction et cette vue artificielle et simpliste des choses, on a rapproché les deux termes et on les a juxtaposés. Un jugement a pu être synthétique, puis analytique, un raisonnement inductif, puis déductif.

La façon dont Mach considère le développement de la physique est bien empreinte de cette conception. Il semble aujourd'hui qu'on ait été obligé de fondre plus intimement les deux éléments distingués par l'artifice de l'analyse. Tout jugement, disent les logiciens américains, est à la fois analytique et synthétique, selon le point de vue. Tout raisonnement réel implique à la fois induction et déduction. Toute proposition scien-

fondamentale de l'adaptation. L'appellation : loi du rythme, et son application à la démarche de la connaissance scientifique, n'ont, je crois, pas encore été proposées.

tifique utilise donc l'analyse et la synthèse. L'induction et la déduction pour l'établir sont parallèles et marchent côte à côte. Elles alternent tout au moins très rapidement, comme les oscillations d'un pendule. La science procède par généralisations et déductions successives, sans jamais arrêter, tant qu'elle progresse, son mouvement rythmique.

3. — Il résulte de ce qui précède que la connaissance générale, séparée des faits particuliers qui l'étayent, et, seuls peuvent lui donner un sens vivant et réel, conserve toujours quelque chose de vague, d'incertain, d'hypothétique, de subjectif. La formule nominaliste est exacte quand elle dit : « Le général n'existe pas; toute existence est particulière. » Par conséquent, *toute connaissance exacte et claire doit procéder à partir de faits particuliers*.

Voilà une première conclusion.

En voici deux autres qui lui sont logiquement liées.

4. — A quelle condition une connaissance qui dépasse le fait particulier peut-elle prétendre à jouer un rôle utile dans la connaissance ?

A une condition et à une seule. C'est qu'elle dérive d'un fait particulier, donc qu'elle lui *soit postérieure*.

Et à quelles conditions peut-elle être admise comme claire, exacte ? A une condition et à une

seule : C'est que le fait particulier dont elle procède la compose tout entière, en se répétant en
quelque sorte identique à lui-même ; en d'autres
termes, à condition de ne pas altérer la compréhension du fait particulier, mais seulement d'en
faire varier l'extension. Sinon, on entre dans le
domaine de l'abstraction, on ouvre la porte à
l'erreur, tout au moins, au vague et à l'obscur.

Une proposition générale n'est donc vraiment
intelligible que si elle *généralise* une proposition
plus particulière, c'est-à-dire si elle montre que
la proposition particulière se retrouve identiquement dans un domaine où on ne la soupçonnait
pas encore, si elle éclaire l'inconnu à l'aide du
connu. L'opposition des méthodes fécondes, suivies depuis la Renaissance en physique, avec les
méthodes stériles de la scolastique, le secret de
la fécondité des mathématiques depuis les mathématiciens grecs, sont dans cette façon de comprendre la généralisation et la généralité.

Or il est manifeste que si le mécanisme les
comprend exactement ainsi, l'énergétique les
comprend de la façon absolument inverse, puisqu'au lieu de procéder du particulier au général,
elle procède nettement du général au particulier,
dans la disposition définitive qu'elle prétend donner à la science lorsque celle-ci entre, au terme
de son développement, dans la période formelle.

5. — Étant données les conditions générales de

la connaissance qui viennent d'être énumérées, les caractères psychologiques de la conjecture vague, de la connaissance obscure et indistincte d'une part, et les caractères psychologiques de la certitude exacte, de la connaissance claire et distincte, d'autre part, la systématisation énergétique répond beaucoup moins que le mécanisme aux exigences de notre organisation mentale en ce qui concerne l'intelligibilité et la clarté. Elle oppose à notre faculté de comprendre des difficultés que n'oppose pas le mécanisme. Poser une formule générale à laquelle on ajoutera ensuite les restrictions convenables pour l'adapter aux nécessités de l'expérience, revient à s'éloigner des conditions de l'expérience. Et si les énergétistes protestent tous contre cette accusation, puisqu'ils la retournent contre le mécanisme, la critique sceptique de la science a, néanmoins, bien vu que ce même reproche pouvait être encouru par eux, puisqu'elle s'appuie sur les propositions de l'énergétique pour prétendre qu'au fond la physique n'est plus une science expérimentale et tend vers un pur mathématisme abstrait et idéologique. Ainsi, tout en voulant symboliser l'expérience telle qu'elle est, et tout en ne voulant que cela, l'énergétique arriverait à faire assez bon marché de l'expérience et à la remplacer par une idéologie abstraite. En pratique, comme une théorie éner-

gétique repose directement sur l'expérience,
possède une substructure expérimentale, comme
son critérium, au moment où elle s'élabore dans
le laboratoire, est encore l'ensemble de nombreuses données expérimentales, ce danger n'est
point à craindre pour le savant qui sait ce qu'il
fait, d'où il part, où il arrive, et comment il y
arrive. Mais pour ceux qui prennent la théorie,
en elle-même, une fois qu'elle est construite, et
l'examinent pour elle-même, le défaut est apparent et l'interprétation qui transforme la physique
en science à priori, est à peu près inévitable. La
théorie énergétique pose, en effet, d'abord, une
formule très générale, capable d'englober tout
un ensemble de phénomènes physico-chimiques, puis elle y apporte ensuite par des termes
complémentaires les restrictions nécessaires
pour que l'expérience soit symbolisée d'une
façon suffisamment exacte. Les formules attei-
gnent ainsi quelquefois une complication considérable. Et d'autre part comme tous les termes
complémentaires n'ont aucune raison d'être par
eux-mêmes, n'expriment pas une relation naturelle, une donnée de l'expérience, mais ont pour
unique raison d'être, d'accorder machinalement,
formellement une formule inexacte et incom-
plète, avec des résultats expérimentaux, l'ensemble ne peut donner que l'impression d'une
description artificielle. Le lien qui, dans l'esprit

du savant élaborant sa théorie en plein laboratoire, est pratiquement réel entre la théorie et
l'expérience, disparaît complètement pour qui se
trouve en face de la théorie achevée, de la
théorie sous son aspect définitif. Il arrive ainsi
que la physique, une fois achevée, apparaîtrait
comme un formalisme purement artificiel et symbolique, comme une technique intellectuelle. Et
il faudrait vivifier cette technique, la replacer en
quelque sorte en face des données expérimentales d'où elle a peu à peu surgi, pour lui donner
un sens effectif, un lien avec le réel, une valeur
de savoir. Sans cela, elle donne l'impression
d'une idéologie illusoire. N'y a-t-il pas là un
véritable danger, à tout le moins une complication inutile ? Complication qui vient bien de la
façon de procéder à la systématisation : partir
du général pour redescendre d'échelons en échelons, à des cas plus particuliers. Il semble plus
naturel, plus normal et partant plus clair, plus
compréhensible surtout, de partir de certains
cas concrets, privilégiés par leur simplicité, et
de passer ensuite à des cas plus compliqués,
par degrés, en étendant progressivement le sens
et le domaine des premières relations que l'on a
rencontrées. Cette extension se fait à l'aide de
nouvelles expériences qui se relient d'elles-
mêmes aux premières, sans que jamais l'imagination, la représentation expérimentale ne ces-

sent d'aider l'entendement. Il y a là en tout cas
un procédé plus conforme au fonctionnement
psychologique de notre organisation intellectuelle, et une analogie directe avec la science-
type au point de vue de la clarté et de l'intelligibilité : la mathématique. L'énergétique, cela se
voit très nettement par exemple dans les théories
épistémologiques de Mach, considère que la
science doit s'effectuer en trois temps : Inductive *d'abord*, elle atteint empiriquement les lois
générales ; déductive ensuite, elle redescend
empiriquement des lois générales aux phénomènes particuliers ; empiriquement, c'est-à-dire
en vérifiant chaque déduction par l'expérience,
car la déduction en elle-même est purement
rationnelle et non expérimentale. A cette
deuxième phase appartiendraient les théories
mécanistes. Enfin, lorsqu'on a pu atteindre les
lois les plus générales d'un ensemble de phénomènes formant par leurs conditions et leurs propriétés spéciales comme un tout, alors, mais
alors seulement, la science entre dans une troisième phase qui abroge pour ainsi dire les deux
autres, et s'y substitue complètement : c'est la
phase formelle ; les mathématiques seraient dans
cette phase depuis longtemps ; l'énergétique la
réaliserait de nos jours pour les sciences physico-chimiques. On pose une formule générale et
la discussion de cette formule générale doit per-

mettre de déduire, en donnant aux variables les valeurs convenables, toutes les relations particulières.

Mais on ne constate rien de semblable dans la mathématique, quelque partie qu'on y considère. On y voit toujours, comme d'ailleurs l'a fait remarquer Poincaré, des généralisations successives, de certaines notions particulières, et à chaque généralisation, toujours appuyée sur une intuition (quoi qu'on pense de la nature de celle-ci : à priori ou empirique), la déduction également appuyée sur l'intuition de tout ce qu'il est possible de déduire. En somme, pas de phase formelle, mais les généralisations successives d'une notion intuitive, ou un appel fait à de nouvelles notions, et à chaque généralisation nouvelle, à chaque nouvelle notion, la démonstration déductive de toutes leurs conséquences.

Ce processus est le processus même de nos fonctions psychologiques représentatives. Celles-ci tendent toujours à généraliser un cas particulier et ce cas particulier généralisé, à en tirer toute une série de conséquences. Des conclusions absurdes, ou impossibles limitent l'extension de cette généralisation; elles révèlent d'ordinaire un cas particulier nouveau, base d'une généralisation complémentaire pour les faits auxquels ne s'applique pas la première. Notre connaissance oscille continuellement d'une induc-

tion qui généralise, à une déduction qui particularise et cette oscillation a une amplitude limitée : elle s'arrête pour reprendre à nouveau dans
une autre direction, dès qu'une expérience nouvelle n'entrant pas dans le cercle des déductions
permises fait obstacle au mouvement commencé.

La forme générale de la connaissance humaine,
et par suite de la connaissance scientifique reproduit donc ce rythme d'inductions et de déductions
parallèles, de généralisations et de particularisa-
tions successives. C'est voir les choses sous une
forme très abstraite et assez éloignée du réel que
de séparer par un abîme l'induction généralisatrice
de la déduction particularisatrice, de les opposer,
comme des méthodes antithétiques, et exclusives
l'une de l'autre, au lieu de les reconnaître dans
toute démarche de la pensée cognitive comme
des méthodes complémentaires. Le mécanisme
au contraire reproduit inconsciemment, dans son
mode de systématisation, le processus inhérent
à la nature de la connaissance humaine. L'énergétique ne semble donc pas un progrès vers la
clarté et l'intelligibilité des sciences physico-chimiques, ni une disposition normale de la systématisation : elle semble organiser le contenu de
nos connaissances physiques au rebours des exigences les plus profondes de notre connaissance.

CHAPITRE IV

LES CONSÉQUENCES DES DEUX LOIS PRÉCÉDENTES

1. Réductibilité régressive de nos connaissances, besoin psychologique. — 2. Au lieu de la considérer comme une nécessité psychologique, on a souvent objecté cette réductibilité au mécanisme : les idées d'Andrade : elles ne sont pas assez positives. — 3. Le fait historique, comme l'a vu Comte, traduit, au point de vue de l'ordre d'acquisition de nos connaissances, une loi nécessaire : Les connaissances les premières acquises doivent être non seulement les plus fréquentes, partant celles qui ont le *plus d'aptitude* à être généralisées, mais encore celles qui ont le *plus d'aptitude* à *être simplifiées.* — 4. Ceci permet de comprendre pourquoi le mécanisme rend plus aisément communicables les résultats de la science physique. Importance psychologique et sociale de ce point de vue. — 5. L'énergétique est loin d'ailleurs de le dédaigner. Elle prétend au contraire à une simplicité plus grande que celle du mécanisme : le principe de l'économie de la pensée de Mach. Seulement elle entend la simplicité d'une façon abstraite et absolue, et non d'une façon concrète et psychologique. A ce dernier point de vue qui est le point de vue réel, le mécanisme l'emporte encore. — 6. Même au point de vue de la simplicité abstraite et absolue, il n'est pas sûr que l'énergétique ait plus d'avantages que le mécanisme. Elle établit plus sobrement les principes, mais quand elle redes-

cend aux cas particuliers, ses termes correcteurs entraînent autant de complications que les masses cachées du mécanisme. — 7. Le danger des termes arbitraires de l'énergétisme : la réalisation des abstractions.

1. — Les exigences de la connaissance ramenées à deux lois très générales entraînent des conséquences importantes, et comme des lois dérivées tant pour la connaissance humaine en général que pour la connaissance physique.

La première loi qui veut que le connu se projette en quelque sorte sur l'inconnu pour le rendre connaissable, implique la réductibilité régressive de toutes nos connaissances. Il le faut bien, puisque, que nous le voulions ou non, que nous en soyons pleinement conscients ou non, nos connaissances nouvelles sont toujours rattachées par un lien nécessaire à nos connaissances anciennes. Ce lien, il sera toujours possible de le mettre en évidence. Autrement dit, il sera toujours possible de passer comme par degrés de certaines de nos connaissances aux autres. Il y aura des unes aux autres une extension naturelle. Les lois de la connaissance semblent donc permettre un mode de systématisation qui réduira régressivement, au fur et à mesure des progrès de la science, les relations physiques. Ce mode de systématisation paraît même le plus naturel.

Il est aisé de voir que le mécanisme se borne à

suivre ce mode naturel de systématisation : il n'est qu'une réduction régressive des phénomènes physiques, au mouvement et à ses lois, qui ont été le premier domaine auquel se soit attachée l'attention des physiciens.

L'énergétique, au contraire, applique un mode de systématisation tout à fait opposé. Ce n'est pas une réduction régressive, c'est une réduction progressive, avec Rankine, qui, de tous les énergétistes, est encore celui qui se rapproche le plus du mécanisme, puisqu'il conserve comme modèle la systématisation de la mécanique rationnelle. Ce n'est plus une réduction du tout, avec Mach, Ostwald, et entre tous Duhem. Ostwald et Duhem proclament nettement des genres particuliers et irréductibles de grandeurs ; Duhem formule logiquement et d'une façon extrême la pensée latente de l'énergétique en réhabilitant le point de vue purement qualitatif et en rompant la continuité systématique de la physique par de véritables commencements absolus.

2. — Cette tentative de réduction a été souvent considérée comme une chimère et une erreur du mécanisme. Andrade montre par exemple le rôle de l'association des idées dans la formation des concepts de la mécanique. Ce qu'il appelle l'association des idées, et d'ailleurs ce que la psychologie a appelé l'association des idées, n'est rien autre que l'expression, ou plutôt qu'une des

expressions — la plus générale et la plus aisément constatée, dans la vie psychologique ordinaire — de la continuité organique de la connaissance. Andrade conclut que dans la systématisation, des sciences physico-chimiques, comme
dans toute systématisation l'ordre dans lequel
se sont associées nos idées a eu une influence
prépondérante. Remarquons d'ailleurs qu'il n'y a
là qu'une conséquence ou une illustration de
l'empirisme ; prétendre que notre connaissance
procède de l'expérience ou prétendre qu'elle ne
fait que reproduire l'ordre dans lequel se sont
historiquement et dans tout le développement de
de la connaissance, associées nos représentations, c'est tout un. Or, personne ne constatera
que les sciences physico-chimiques soient avant
tout des sciences expérimentales, et que les connaissances qu'elles renferment, soient acquises
empiriquement. Il est donc naturel que leurs principes généraux et leur organisation systématique
dépendent de l'association des représentations
qu'elles renferment ou de l'histoire de l'acquisition de ce contenu.

Seulement Andrade en déduit la contingence
du développement de la physique. Le mécanisme
n'y est aucunement nécessaire, au contraire,
il est gênant. Que serait la physique, dit-il, si la
biologie avait précédé, dans la voie positive et
progressive, la mécanique ? Cette question me

paraît oiseuse, car en histoire des sciences, comme dans toute science historique, le donné primitif c'est d'abord la succession chronologique. La science historique pourra peut-être un jour chercher à expliquer le pourquoi de cette succession : ce sera en tout cas le problème dernier qu'elle aura à se poser, car sa solution suppose une solution préalable de tous les autres. Mais jusqu'à ce jour, l'ordre chronologique, la succession des événements, est le point de départ, la donnée primitive, le fait. L'histoire positive est, par rapport à la succession des événements, comme la biologie, comme la physique, comme la mécanique. Elle ne doit viser qu'à en établir les lois. Il paraît en tout cas aussi étrange de se demander : Que serait-il arrivé si la biologie, ou la psychologie ou la sociologie, avaient précédé de leurs découvertes la physique ou la chimie, ou la mécanique, que de se demander : Qu'arriverait-il si un objet élevait, au lieu de l'incliner, le plateau d'une balance ? Dans un cas comme dans l'autre, on peut construire un monde romanesque qui d'ailleurs s'inspirera toujours, plus qu'on ne le croit, du monde réel, car on ne peut pas, quoi qu'on veuille, s'affranchir de l'expérience humaine. Mais ce roman n'a d'autre valeur que celle d'un roman.

Nous ne concevons que le réel, et nous conjecturons le possible sur le modèle du réel ; or, le

réel pour nous, c'est le système formé par nos
représentations et ce système dépend de leurs
relations. Hors de là, nous entrons dans l'hypothèse invérifiable et dans la métaphysique.

Auguste Comte, en assignant à nos connaissances un ordre nécessaire, fonction de leur ordre
chronologique, semble plus près de l'esprit positif.
Il est vrai qu'il fait reposer cette vue, somme
toute, sur une conception de la nature des choses,
si bien que l'ordre chronologique de nos connaissances dépend de la nature des objets à connaître :
les relations les plus générales qui sont en même
temps les plus simples sont connues les premières.
Sans envisager la nature des objets à connaître,
on peut se borner, à un point de vue absolument
relativiste et historique, à constater le fait, et à
affirmer qu'il y a un rapport général, incontestable
entre la succession de nos connaissances, et leur
ordre logique de systématisation. Ce rapport se
pose ; et l'histoire des connaissances humaines
ne manifeste rien jusqu'ici qui y contredise essentiellement. Au contraire, elle en est en quelque
sorte la manifestation permanente, si bien que
cette constatation est, dans l'histoire des sciences,
un fait dominateur et privilégié. L'aptitude à
fournir des principes pour asseoir le système de
nos connaissances claires et distinctes conformes
aux exigences de notre organisation intellectuelle
est donc en raison directe de leur acquisition.

L'histoire des mathématiques, de la mécanique, et jusqu'ici, de la physique, la façon dont les sciences se constituent d'une façon positive et progressent les unes par rapport aux autres, sont en faveur de cette corrélation.

3. — Ce fait historique a vraisemblablement son explication dans une loi très voisine de la loi d'Auguste Comte : les relations les plus générales et les premières acquises sont aussi les plus simples, si bien que la systématisation des lois de la nature serait infiniment moins contingente que ne le pense Andrade à propos des concepts de la mécanique. Dans l'histoire, la contingence ne serait que l'enveloppe de la nécessité et le fait historique aurait sa raison d'être, comme le croyait Comte dans une loi plus profonde; ici il serait exigé par la nature de la connaissance, par les lois de l'organisation psychologique. Dans le chaos formé par nos représentations, ce qui dut frapper tout d'abord l'esprit à cause de leur uti lité, ce furent non seulement les relations qui se rencontraient le plus souvent (les plus générales) mais encore celles qui furent le plus aisées à apercevoir (les plus simples). Si l'esprit est porté inévitablement à généraliser, à universaliser un fait pour éclairer le mystère des autres faits, il est porté par cela même à négliger, dans ce fait, ce qui est détail et nuance, ce qui lui donne en même temps que sa complexité, son individualité.

Toute synthèse nécessite une analyse, toute généralisation nécessite une abstraction, une simplification. Il en résulte que le travail même, que l'esprit fait subir aux premières relations qu'il découvre est, inconsciemment d'ailleurs, en même temps qu'une extension, une simplification. Et si ces relations ont une aptitude en quelque sorte indéfinie à la généralisation, c'est aussi qu'elles sont, en même temps qu'observées très fréquemment, observées très aisément, parce qu'elles ont une aptitude en quelque sorte indéfinie à se simplifier. Il vaut mieux employer les expressions aptitude à être généralisée, aptitude à être simplifiée, que les mots « général » et « simple ». Car la psychologie et l'histoire de la connaissance au point où elles en sont actuellement, ne permettent pas de revenir à une théorie intuitive de la connaissance, théorie qui nous donnerait une faculté spéciale de saisir le général, le simple, le premier en soi, par une aperception directe. La science actuelle, la physique mécaniste en particulier, non seulement se distinguent d'une théorie intuitive à la Descartes ou d'une théorie scolastique, mais encore s'y opposent radicalement.

Il n'y a pas en réalité de faits simples et de faits généraux : tous sont extrêmement compliqués parce que tous s'impliquent : la chute d'une pierre fait intervenir toutes les lois physiques puisque le mouvement change dans la pierre, puis dans le milieu où il s'effectue et de proche en proche dans l'univers tout entier, non seulement l'état mécanique, mais encore l'état thermique, l'état magnéto-électrique, l'état chimique, etc. Il n'y a pas de système isolé, de relation simple; le simple, corollaire du général, n'a pas plus d'existence que le général. Seulement, il y a des faits privilégiés. Et ces faits privilégiés sont ceux qui ont par la façon dont ils se présentent à la conscience, et par la façon dont est constituée et peut évoluer la conscience, une aptitude à laisser formuler dans et par la conscience une relation privilégiée. Et une relation privilégiée est à son tour une relation qui a par la façon dont elle se présente à la conscience, et par la façon dont est constituée et dont peut évoluer la conscience, une aptitude à être généralisée et à être simplifiée.

Les lois qui paraissent régler l'acquisition de la connaissance, paraissent demander encore, que les premières connaissances claires et distinctes qui ont satisfait notre esprit et nos instincts scientifiques (ou nos besoins scientifiques, si ce mot instinct paraît à certains inacceptable) soient aussi les plus simples et les plus générales, au point de vue de la connaissance humaine.

Par un côté moins psychologique et moins historique, mais plus objectif et plus philosophique, on peut dire aussi bien, en renversant les termes

que les relations les plus simples et les plus générales sont aussi les premières connues. Mais cette
formule a le tort de tendre à une conception
métaphysique particulière de l'univers. La précédente au contraire n'est qu'une constatation et
une induction historiques. Les relations les premières connues ou les connaissances les premières
acquises, puisque c'est aujourd'hui tout un, sont
celles qui ont progressivement fourni, par leur
évolution psychologique, les connaissances les
plus simples et les plus générales. D'où l'on peut
induire qu'il n'en pouvait être autrement, étant
donné ce que psychologiquement nous sommes,
et ce que, empiriquement, est l'univers.

C'est donc à une nécessité psychologique, aussi
bien qu'à une nécessité objective, que répond la
construction mécaniste.

4. — On peut remonter par là à la raison pour
laquelle le mécanisme fait mieux comprendre à
ceux qui n'ont pas une culture spéciale l'enchaînement, la systématisation, et même le contenu
des sciences physico-chimiques, et le rend plus
aisément communicable.

Il semble encore ici avoir une supériorité incontestable sur la physique énergétique. Or, si une
question scientifique ne peut jamais être abordée
sans une culture spéciale, il faut bien avouer que
la science doit viser à être aussi facilement abordable *qu'il est possible*, sans rien perdre de sa ri-

gueur s'entend. Elle n'est pas un mystère réservé aux initiés, comme l'antique hermétisme. Elle doit se proposer, avant tout, d'être communicable, et pour cela d'éviter toutes les abstractions qui ne sont pas nécessaires et qui exigent des qualités d'esprit trop spéciales ; d'autant plus que ces qualités excellentes pour le progrès des mathématiques sont peut-être moins favorables aux progrès des sciences qui doivent conserver un contact étroit avec la nature.

Ce nouvel avantage du mécanisme est d'ordre tout utilitaire, et le savant qui ne se préoccupe que des hautes destinées et de l'éminente dignité de la science pourrait, à bon droit, en sourire. Pourtant le point de vue de la vulgarisation dans les questions scientifiques est moins à dédaigner qu'il ne semblerait d'abord. La science ne se fait pas dans une tour d'ivoire. Créée par l'intelligence humaine, incontestablement sous la pression de certaines circonstances pratiques, elle est, comme l'intelligence humaine dans une large mesure, un produit de la société. Elle est soumise à des influences sociales. Elle ne s'est jamais développée que dans un milieu social favorable. Or, une des premières conditions pour que le milieu social soit favorable à son développement, et une condition absolument nécessaire, c'est la vulgarisation de la science dans ce milieu. Une science de mages ou de mandarins devient bien vite une tradition routinière.

La science ne peut se développer qu'en restant en contact avec la société tout entière, avec ses besoins. Elle ne peut progresser, elle n'a des chances de rencontrer de bons ouvriers, et même des ouvriers de génie, que dans une société qui s'intéresse à ses résultats, qui s'enthousiasme pour elle, qui l'encourage de toutes ses forces.

L'essor qu'elle a pris depuis la Renaissance tient à ce qu'elle a eu ses fanatiques, ses servants fidèles et ses apôtres. La science est née, elle a grandi chez des peuples curieux, et qui n'admettaient pas volontiers qu'on mit des œillères. Or, cet état d'esprit, cette atmosphère nécessaires à la science, sont en grande partie créés et entretenus par la vulgarisation des travaux scientifiques, la lente pénétration de leurs résultats dans la société tout entière. La science a donc un intérêt primordial à se présenter toujours sous la forme la plus accessible, sous la forme qui prêtera le mieux à sa vulgarisation. Elle ne doit pas se laisser altérer pour se rendre populaire; mais elle doit, entre deux formes qui *permettent de retrouver le même résultat*, choisir toujours celle qui est la plus abordable. Sous cet angle encore le mécanisme l'emporte sur l'énergétique. Historiquement d'ailleurs, celles des sciences qui ont rendu la science populaire, sont les sciences physico-chimiques, plus que la médecine elle-même. L'homme a été assez désintéressé, cela est digne de remarque, pour laisser retenir son attention plutôt par la solution des mystères de l'univers que par les exigences de sa propre santé. Il est vrai que les nécessités de sa vie matérielle le mettaient constamment sur le chemin des problèmes physico-chimiques, et que les phénomènes grandioses ou terrifiants qui se produisaient dans la nature l'étonnaient plus que des phénomènes très familiers. Historiquement encore, si la science a été rendue populaire par les sciences physico-chimiques, ce qui a rendu populaires les sciences physico-chimiques, c'est le mécanisme, ce sont les hypothèses moléculaires, ce sont les représentations figuratives des lois physiques et chimiques et des relations qui les lient. Il y a là un argument psycho-sociologique en faveur du mécanisme, que la science pure aurait bien tort de dédaigner.

5. — Les énergétistes, d'ailleurs, reconnaissent à peu près tous l'importance de ce point de vue. Quelques-uns de ses plus grands représentants l'ont même mis en lumière d'une façon particulière. Mach a été le premier à montrer les influences sociales qui s'exercent sur la science et leur force considérable ! D'autres ont insisté sur le côté utilitaire des travaux scientifiques, condition nécessaire des progrès de la science pure ; et

c'est par ce côté utilitaire que la science se popularise. L'énergétique fait constamment appel à l'économie de la pensée. Ce principe d'économie ne répond-il pas précisément au souci de rendre la science la plus accessible qu'il se peut? Ne répond-il pas aux intérêts bien entendus de sa vulgarisation? Considérez un exposé énergétique. Est-ce que vous n'êtes pas surpris de l'élégance et de la simplicité des formules générales et des premières déductions qu'elles permettent? Les principes se traduisent immédiatement en équations différentielles. Rien de l'appareil toujours assez long et assez compliqué des exposés mécanistes avant d'arriver à ces mêmes équations différentielles. Alors que dans le mécanisme elles sont la conclusion d'hypothèses et de déductions ou tout au moins de raisonnements qui progressivement généralisent les données figuratives et empiriques, véritables points de départ de la construction, le point de départ de la systématisation énergétique, c'est l'équation différentielle elle-même. Le principe de l'économie de la pensée n'est-il pas alors mieux respecté par l'énergétique que par le mécanisme? La théorie physique n'est-elle pas plus simple, plus directe, plus immédiate? N'est-ce pas pour présenter les choses d'une manière plus sobre et plus élégante, pour éviter temps et peines perdus à suivre des constructions compliquées, que l'énergétique s'est créée et s'est développée ? Du moins tous les énergétistes l'affirment : c'est cette préoccupation qui, visiblement, a guidé Rankine, Mach, Ostwald, Duhem et leurs disciples.

Mais si on réfléchit un peu, le mot simplicité a deux sens bien différents dans la philosophie des sciences ; on peut dire qu'une théorie est plus simple qu'une autre, quand elle fait appel à un plus petit nombre d'éléments, quand elle expose avec plus de brièveté, d'une façon plus directe et plus immédiate, les résultats qui en constituent la matière. Et en ce sens les théories énergétiques sont évidemment plus simples que les théories mécanistes. Elles ne font intervenir aucune représentation si ce n'est l'algorithme de l'algèbre : c'est bien encore un système de symboles représentatifs, mais le symbole y est tellement intellectualisé et abstrait qu'il ne semble plus être une représentation intuitive. Les théories mécanistes sont plus compliquées. Elles font appel à des hypothèses que suppriment absolument les théories énergétiques. Et ces hypothèses, pour s'adapter entre elles, ou pour rendre compte de phénomènes voisins les uns des autres, mais présentant pourtant des particularités spéciales, doivent souvent multiplier leurs artifices, et allonger la route. Là où l'énergétiste suit la ligne droite, le mécaniste paraît se perdre en des détours.

Mais il en est de ces détours comme de ceux que

font les sentiers de montagne : en allongeant le chemin ils abrègent le temps qu'on emploierait et suppriment les difficultés qu'on rencontrerait en allant droit au sommet.

La théorie la plus simple ne sera pas alors la plus sobre, la plus élégante au sens mathématique du mot, mais celle qui représentera le plus aisément, fera le mieux saisir toutes les particularités d'un phénomène, et ses relations avec l'ensemble des phénomènes voisins. C'est à quoi visent : le modèle mécanique d'abord, pour un phénomène donné ou un petit groupe de phénomènes, les grandes hypothèses ensuite, pour l'ensemble des phénomènes physico-chimiques. Peu importe que l'expression mathématique des lois physiques, au lieu de se trouver dans l'enchaînement le plus sobre, les démonstrations les plus directes, se présente avec une substructure d'hypothèses additionnelles, si elle s'éclaire d'une lumière plus vive, comme une pierre dont la monture augmenterait le feu. Une théorie d'un agencement moins simple peut être d'une intelligence plus facile ; en réalité elle est donc plus simple, en donnant à ce mot son sens psychologique.

L'énergétique introduit immédiatement au cœur de la place. Elle débute par le principe général et les équations qui le traduisent. C'est une théorie qui, jusqu'à un certain point, non seulement postule que la science est achevée, mais que l'éducation scientifique l'est aussi. Duhem la propose comme la théorie définitive. Et pourtant Mach se plaint que le point de vue historique est trop négligé dans l'enseignement des sciences, aussi bien dans l'enseignement des sciences mathématiques que dans celui de la mécanique et de la physique. Par enseignement il n'entend pas seulement un enseignement élémentaire, mais il donne à ce mot son plein sens. Il n'hésite pas à dire que certains savants, et la plupart des ingénieurs, faute de cet enseignement historique, ont peut-être de la science une conception suffisante pour ses applications utilitaires, mais n'en ont ni une compréhension complète, ni une compréhension claire et distincte, au fond n'en ont pas la compréhension véritablement scientifique. Ils savent la science, ils ne la possèdent pas, ils ne la sentent pas profondément. En ce sens des philosophes qui en sauraient beaucoup moins, mais auraient une culture historique beaucoup plus vaste, l'emporteraient nettement sur eux. Eh bien, il est à remarquer que la conception énergétique ne se soucie aucunement du développement historique de la science. Elle achète son élégance mathématique et sa simplicité apparente, en réclamant d'un autre côté toute une étude nouvelle, l'étude historique à qui veut avoir une intelligence nette de la physique. Sans cette étude elle reste en quelque sorte suspendue à quelques principes abstraits. Elle n'a plus qu'une vertu formulaire, une vertu de machine à calculer. On peut se servir avec virtuosité de cet artifice ingénieux, sans en avoir la compréhension véritable, si on se borne à ne connaître que lui. Avec le mécanisme, ceci est impossible. On ne voit plus la science sous l'angle de formules extérieures qui servent remarquablement à retrouver son contenu, mais négligent absolument d'en faire connaître la nature intime et le développement historique. On n'aperçoit plus la physique comme un pays dans un levé topographique. La systématisation mécaniste reproduit dans ses grandes lignes l'évolution historique de la science. Il est impossible à qui conçoit la physique comme une promotion de la mécanique, de séparer le point de vue historique du point de vue didactique, et, par suite de n'avoir pas, à côté de la conception claire, le sentiment vivant de la science physique. Ce que le mécanisme a perdu par rapport à la sobriété de la représentation, il l'a finalement gagné quant à l'intelligibilité des choses représentées.

Au reste l'énergétique se vante peut-être quand elle parle de la brièveté et de l'élégance de ses déductions mathématiques. Il est incontestable, certes, que dans l'établissement des principes fondamentaux et l'énoncé des lois les plus générales, elle l'emporte à ce point de vue sur le mécanisme. Bouasse a pu dire que le traité élémentaire de chimie physique fondée sur la thermo-dynamique qu'a publié Duhem était un véritable modèle. La rigueur et l'enchaînement des premiers chapitres, les plus généraux précisément, satisferaient en effet les plus difficiles. Mais il s'agit essentiellement là des éléments généraux de la systématisation. Dès que l'on veut descendre de l'ordonnance générale du système à la description d'un phénomène particulier, qu'on veut retrouver le concret, et représenter l'expérience, terme final, tous le proclament, du travail scientifique, il faut *en rabattre*. C'est ici que rentre la complication, éliminée des points de départ et des premiers pas. Je n'en veux pour exemple que les critiques de Bouasse au même Duhem, lorsque ce dernier essaye de représenter d'après les modalités de la systématisation énergétique les particularités de certains phénomènes d'hystérésis. Nous sommes loin alors de l'élégante brièveté mathématique des principes de la chimie physique fondée sur la thermo-dynamique. L'introduction de variables nouvelles pour représenter chaque irrégularité du phénomène par rapport à la formule générale, complique étrangement les équations, et ne parvient pas, malgré ces complications croissant en quelque sorte indéfiniment à mesure qu'on veut ser-

rer la réalité de plus près, à représenter exactement le phénomène. L'énergétique arrive donc,
en fin de compte, à sacrifier la simplicité d'intel-
lection de la théorie physique, sans accroître sa
simplicité de construction.

Pourtant a-t-elle assez critiqué l'introduction
de « masses cachées » dans la théorie mécaniste ?
On connaît cet expédient dont on a certainement
abusé dans la construction des modèles mécaniques. Il consiste, quand on ne peut pas tirer
directement des principes traditionnels de la
mécanique la loi des mouvements auxquels on
ramène les transformations qu'il s'agit d'expliquer, à supposer des mouvements imperceptibles
produits par des masses invisibles. Ces mouvements et les vecteurs-force qui leur correspondent, en se composant avec les mouvements perceptibles de la masse visible et les vecteurs
qui leur correspondent permettent d'exprimer
le phénomène en partant des équations tradi-
tionnelles de la mécanique, c'est-à-dire des
expériences les plus simples sur le mouvement des corps pondérables, et des principes
fondamentaux que Galilée et Newton en ont
déduits. Hertz en particulier a tiré un très grand
parti de ces masses invisibles, et des liaisons
cachées qu'elles sont supposées avoir avec les
masses visibles. Les mécanistes, et Hertz surtout,
n'ont d'ailleurs jamais présenté ceci que comme

un artifice, un expédient commode, lorsqu'il ne complique point trop les modèles mécaniques, et qu'il permet de faire comprendre d'une façon concrète et sensible ce qui se passe dans le phénomène étudié, de relier les différentes phases de ses variations, et de les prévoir. Ce sont les critiques non prévenus qui ont pu prendre parfois comme réalité comptante ces artifices. Les mécanistes ne les considéraient jamais que comme un échafaudage transitoire, et un pis-aller ; à moins que les masses cachées, les mouvements insensibles et les liaisons invisibles ne fussent suggérés par les données mêmes du problème et les résultats de l'expérience, et ne fussent conçus de telle façon que l'expérience pût un jour les mettre en évidence. Partout ailleurs ce sont des pierres d'attente ; et même de fausses fenêtres pour la symétrie, dans une construction qu'on sait être provisoire, et qui ne prétend qu'à être un artifice provisoire, d'une utilité provisoire.

Or, que fait l'énergétique lorsqu'elle introduit dans ses formules un nouveau terme pour masquer la distance qui sépare les résultats du calcul, les moyens de prévision des données numériques fournies par l'expérience ? Elle ne fait rien autre que le mécanisme lorsqu'il suppose une masse cachée, une relation invisible. Bien plus, l'introduction de ce terme marque une ignorance définitive, et la ferme volonté de s'en tenir à une correction arbitraire. C'est le coup de pouce du mathématicien corrigeant ou effaçant sur le tableau noir le signe ou la quantité qui le gêne, Cette opération n'est pas seulement comparable de tous points à l'intervention des masses cachées dans une théorie mécaniste, elle a sur elle des désavantages très marqués. Car le terme introduit dans la théorie énergétique n'a pas de sens par lui-même. C'est un pur artifice de calcul. Il n'est même pas un symbole, car il ne symbolise rien, et personne ne pourrait dire, ni jamais espérer dire à quelle réalité il correspond. Le terme arbitraire additionnel de l'énergétique ne ressemble donc à la masse cachée du mécanisme que dans les cas les plus défavorables. Et tandis que, dans le mécanisme, tout fait ressortir que l'artifice est provisoire, et qu'on attend une expérience plus complète, dans l'énergétique, au contraire, le terme additionnel s'introduit au même titre, et de la même manière que tous les autres. Rien ne l'en distingue, rien ne l'en sépare. Il s'introduit à demeure, d'une façon définitive. On juge la formule où il entre représentation suffisante et définitive du phénomène. Dès que le calcul permet à l'aide des équations posées, de prévoir à peu près toutes les particularités empiriques du phénomène, encore que nous ne puissions jamais savoir ce que recouvrent les quantités numériques qui entrent dans la formule, la tâche du physicien est achevée. Si les constructions moléculaires, si l'atomisme sont, comme le dit quelque part Mach, des béquilles pour la connaissance humaine, des béquilles qu'il faut rejeter dès qu'on peut calculer sans elles, que faut-il penser au point de vue psychologique de la connaissance, des procédés de calcul et de prévision de l'énergétique?

7.—Sans compter qu'il y a un danger plus grave. L'esprit humain, c'est encore une constatation psychologique, paraît incapable de s'en tenir, lorsqu'il s'agit de connaissance ou de science, à quelque chose qui ne se représente pas. Aussi essaie t-il de se représenter ce qu'il met sous ses formules. Lorsque les termes de ces formules n'ont pas un sens concret, il leur en donne peu à peu inconsciemment un. Cette tendance crée bientôt une habitude invincible. La scolastique est sortie tout entière de là. On a hypostasié des conceptions, des universaux parce qu'il est impossible à la connaissance humaine de penser sous une forme qui ne serait à aucun degré concrète. L'abstrait pur, le général, en tant que général, n'existe pas plus dans la pensée que dans l'univers. Ils n'ont que la forme concrète d'un mot, dont on ne peut rien tirer tant que l'imagination ne se laisse pas aller par une inclination naturelle irrésistible à les hypostasier. Là où il n'y a pas dans une certaine mesure, image et hypostase, il n'y a *rien*. Pour cette raison psychologique il se peut bien que l'énergétique tende bientôt vers une nouvelle scolastique, aussi stérile que la première.

On voudra trouver un sens aux termes d'abord posés comme arbitraires ; et l'imagination s'usera dans cette voie inféconde, puisque le terme étant une pure correction arbitraire conditionnée non par les données du problème, mais par la solution qu'on lui impose, ne pourra jamais susciter des recherches utiles, des recherches qui nous fassent pénétrer plus avant dans les relations des phénomènes naturels. L'artificiel, voilà vers quoi l'énergétique, si elle s'imposait universellement, semble, plus aisément que le mécanisme, pouvoir incliner un jour, entre les mains des chercheurs de second ordre, incomparablement plus nombreux que les autres.

CHAPITRE V

LES DIFFÉRENTES FORMES D'IMAGINATION
ET LES THÉORIES PHYSIQUES

1. L'énergétisme et le mécanisme marqueraient deux formes d'esprit : abstrait et concret ; au point de vue psychologique ce que l'on vient de dire dans les précédents chapitres ne vaudrait que pour l'une de ces formes, l'esprit concret. L'esprit abstrait ne serait satisfait au contraire que par les théories énergétiques ; et l'esprit abstrait serait le véritable esprit scientifique. — 2. L'esprit purement abstrait n'existe pas. L'énergétique n'est qu'un effort vers l'abstraction. — 3. La tendance à la plus grande abstraction possible est-elle souhaitable, en physique ? Ses dangers. — 4. On ne pense jamais sans image, sans intuition.

1. — Que le mécanisme ait des chances de se développer, parce qu'il répond à certaines nécessités psychologiques, c'est ce que ne nient guère les partisans les plus résolus de l'énergétique, Duhem en particulier.

Duhem et Ostwald accordent avec plus de tolérance et de largeur d'esprit que certains philosophes, qu'il y aura toujours des mécanistes et que la science aura toujours un profit à tirer des hypothèses mécanistes : l'attitude mécaniste est donc pour un savant parfaitement légitime. Mais ils s'empressent d'ajouter qu'on peut se passer des hypothèses mécanistes. Il y aurait même pour la science un grand intérêt à les supprimer; et ils ne seraient pas éloignés de croire que la tendance mécaniste est une imperfection inhérente à certains esprits. C'est une habitude de travail qu'on doit tolérer chez ceux qui ne peuvent pas travailler autrement, parce que le travail donne toujours dans le domaine scientifique des résultats, mais c'est en somme une habitude de travail qu'il y aurait avantage à remplacer par une autre. La science n'y perdrait rien, au contraire...

Les esprits se classeraient en effet, d'après Duhem, en deux grandes classes : les esprits abstraits et les esprits concrets.

«[1] *Les esprits abstraits* se contentent de considérer des grandeurs nettement définies, fournies par des procédés de mesure déterminés, susceptibles d'entrer suivant des règles fixes, dans des raisonnements rigoureux et dans des calculs précis ; il leur importe peu que ces grandeurs ne se puissent imaginer. Ils sont satisfaits, par exemple, s'ils ont défini un thermomètre, qui, à

---

1. P. Duhem, L'Évolution de la mécanique, *Revue générale des sciences*. mars 1903. p. 255-256.

chaque intensité de chaleur fait correspondre un degré déterminé de température; s'ils connaissent la forme des équations qui relient cette température aux autres propriétés mensurables des corps, à la densité, à la pression, à la chaleur de fusion, à la chaleur de vaporisation. Ils n'exigent nullement que cette température se réduise à la force vive d'un mouvement imaginable animant des molécules dont la figure se pourrait dessiner. Pourvu que les lois de la physique se laissent condenser en un certain nombre de jugements abstraits exprimables en formules mathématiques ils consentent volontiers à ce que ces jugements portent, sur certaines idées étrangères à la géométrie. Que le monde physique ne soit pas susceptible d'une explication mécanique, ils s'y résignent sans peine.

Les imaginatifs ont de tout autres exigences. Pour eux, l'esprit humain, en observant les phénomènes naturels y reconnaît, à côté de beaucoup d'éléments confus qu'il ne parvient pas à débrouiller, un élément clair, susceptible par sa précision d'être l'objet de connaissances vraiment scientifiques. C'est l'élément géométrique, tendant à la localisation des objets dans l'espace, et qui permet de se les représenter, de les dessiner ou de les construire d'une manière au moins idéale. Il est constitué par les dimensions et les formes des corps ou des systèmes de corps, par ce qu'on appelle, en un mot, leur *configuration* à un moment donné. Ces formes, ces configurations, dont les parties mensurables sont des distances ou des angles, tantôt se conservent, du moins à peu près, pendant un certain temps, et paraissent même se maintenir dans les mêmes régions de l'espace pour constituer ce qu'on appelle le *repos*, tantôt changent sans cesse, mais avec continuité, et leurs changements de lieu sont ce qu'on appelle le *mouvement local,* ou simplement le mouvement. »

Cette distinction si elle signifie simplement qu'il y a des esprits qui tendent naturellement vers l'abstraction et la généralisation, et d'autres qui y répugnent davantage est très juste et très légitime au point de vue psychologique.

Seulement, ce qu'il faut bien voir, au point de vue psychologique également, c'est la vraie nature, la valeur de cette tendance et la valeur des œuvres qu'elle crée.

2. — Si nous envisageons le premier point, il faut d'abord remarquer que cette tendance n'est qu'une *tendance*. Jamais elle ne peut être réalisée complètement. Un esprit abstrait, c'est-à-dire capable de comprendre une notion abstraite, sans aucun support concret, n'existe pas, et ne peut pas exister au point de vue psychologique. Il ne peut exister que pour un métaphysicien qui croit à la réalité des Universaux ; et alors la notion abstraite devient elle-même une notion individuelle,

vivante et... concrète : aussi concrète qu'une image de la perception sensible. La psychologie nous montre une continuité constante entre la perception et le concept ; elle nous montre encore que le concept n'est saisissable qu'au moyen d'une image, d'une perception résiduelle. L'aperception n'a avec la perception qu'une différence de degrés et non de nature. Il reste donc qu'il peut y avoir des esprits dont la tendance à l'abstraction est plus accentuée qu'elle n'est chez d'autres ; mais qu'un esprit ne peut être purement abstrait. Il s'ensuit qu'une construction de l'esprit, la systématisation physico-chimique par exemple, ne peut pas être purement abstraite. Elle peut tendre à être aussi abstraite que possible, mais à l'insu de ceux qui voudraient réaliser cette limite psychologique du concept dégagé de tout élément représentable, de la notion purement intellectuelle, elle conserve toujours des éléments empruntés à la représentation sensible. L'entendement pur, la raison pure sont, depuis Hume et Kant, des formes vides que l'abstraction peut discerner, mais qui auraient bien du mal à être rajeunies par la psychologie et à reprendre une apparence de vie et de réalité.

Aussi l'énergétique obéit-elle à la loi commune, et Boltzman [1] a déjà remarqué, à bon droit, que

1. Boltzman. *Ueber die Entwickelung der Methoden*

quoiqu'elle veuille bannir les hypothèses figuratives, elle est obligée d'y recourir. Le symbolisme algébrique, les relations établies par les démonstrations mathématiques, ne sont-ils pas des hypothèses figuratives, des moyens de représenter les choses? L'expression mathématique, quoiqu'on en dise, est bien un support emprunté à la représentation, pour aider à comprendre la relation purement conceptuelle.

Certains mathématiciens voudraient bien par un souci louable de la rigueur, considérer la mathématique comme une promotion de la logique. Mais d'abord la logique pure n'est peut-être pas aussi indépendante de la représentation perceptive qu'on le croit, si le concept lui-même ne peut absolument s'en détacher. Et au fond qu'est-ce que l'implication de deux propositions, ou de deux concepts, sinon la concordance de leur substrat représentatif et empirique. Je ne puis comprendre que « homme » implique « mortel », en dehors des perceptions qui, dans l'expérience, m'ont fait constater que la structure de l'organisme humain implique une désorganisation nécessaire. Et puis, dire que la mathématique est une promotion de la logique, comme dire que la physique est une promotion de la mécanique, cela

der theoretischen Physik in neuerer Zeit. Naturwissenschaftliche Rundschau. 14 octobre 1899.

ne veut pas dire que pour constituer l'objet de la mathématique il ne faille pas faire appel à des notions particulières, à des relations nouvelles, à des restrictions, et à des complications qu'excluait la logique pure. L'intuition du nombre, celle de l'espace, des relations qu'ils impliquent, paraissent particulariser les relations logiques, tout en s'appuyant sur elles, et en les continuant, pour les adapter à un objet nouveau, spécial. De même dans la physique mécaniste, la notion de l'énergie, de ses diverses formes, et des relations qu'elles impliquent, ou les notions électro-magnétiques paraissent modifier la mécanique pure et l'adapter à une matière plus complexe et plus spécifique.

Mais, en admettant même que les mathématiques ne fassent aucune part à l'intuition sensible, et soient un pur symbolisme logique, du moment que l'on se sert des mathématiques pour une autre fin que les mathématiques elles-mêmes, du moment que l'on sort du domaine des mathématiques pures pour entrer dans celui des mathématiques appliquées, cette dénomination l'indique, on fait nécessairement appel à un substrat intuitif. Dans la conception de Duhem, cela ne fait d'ailleurs aucun doute. La base qualitative qu'il donne aux notions fondamentales de son système est un appel à l'intuition sensible ; mais comme l'a bien vu Boltzman, même là où il n'est pas fait appel à cette base qualitative, comme chez Mach, il est encore fait usage d'images représentatives, par cela même que le symbolisme algébrique perd son sens purement abstrait, s'il est possible que ce sens existe, et devient une notation d'éléments représentatifs. Ainsi, quand bien même la mathématique serait un jeu de concepts, du moment qu'on s'en sert dans la systématisation formelle des sciences physico-chimiques, il devient un mode de représentation : La systématisation n'est *formelle* qu'en apparence, car elle porte au fond sur des données empiriques. Elle n'a de sens qu'à condition de pouvoir se traduire en images. Il ne faut donc pas croire que l'énergétique comprend sans imaginer. L'énergétique, à bien l'analyser psychologiquement, comprend en imaginant, et c'est pourquoi elle a une valeur scientifique dans le domaine des sciences de la nature. C'est pourquoi elle peut être considérée comme une forme légitime de la science de la nature. La raison qui fait sa légitimité, et sa valeur, c'est qu'elle garde du mécanisme beaucoup plus qu'elle n'en rejette, qu'elle est, à son insu, plus voisine de lui qu'elle ne le pense. Elle est, comme le mécanisme, quoique à un degré bien moindre, un mode imaginatif de représentation des phénomènes physico-chimiques.

3. — Il s'agit justement d'apprécier maintenant

si, en essayant de réduire au moindre degré la nécessité par où il faut bien passer, par suite de notre organisation psychologique, de « représenter » les notions scientifiques, de conserver des résidus d'images sensibles, on fait œuvre utile, — si, par suite, cette tendance a des chances de s'imposer au détriment de la tendance contraire que représente le mécanisme.

Poussons-la à l'extrême, et efforçons-nous de déterminer le terme auquel elle doit aboutir. Nous ne bâtirons pas une hypothèse vide ; car historiquement la scolastique l'a à peu près réalisée. Elle nous apprend en gros que le terme naturel de cette tendance, c'est le verbalisme. Et la psychologie de la connaissance corrobore cet enseignement de l'histoire. Le concept ne peut jamais éliminer tout résidu d'images. Mais au terme, l'image résiduelle se réduit à celle du mot qui le connote. Le concept tend, si l'abstraction est poussée aussi loin qu'il est possible, si l'esprit a une grande facilité à abstraire et à généraliser, à se confondre avec le mot et à se vider de tout contenu vivant et réel. La paille des mots remplacera le grain des choses.

Le verbalisme, ou, puisqu'il s'agit ici moins de symboles verbaux, comme dans la scolastique, que de symboles algébriques, le formalisme sec et vide, purement utilitaire, voilà le danger qui menace la théorie énergétique. Ce danger est sur-

tout à craindre pour ceux qui ne créent pas la
science par leurs expériences continuelles, pour
ceux qui ne cherchent qu'à s'assimiler et à uti-
liser les résultats de cette création. Le formalisme des premiers est animé par la force des
choses du même courant de vie qui anima dans
l'esprit d'un Aristote, ou même d'un Hegel, l'idéologie pure. Mais le formalisme des seconds est
bien vite un formalisme mort, une discipline
étroite dans laquelle, à cause des résultats et des
facilités qu'elle fournit, on finit par absorber la
science tout entière. La possibilité de susciter une
attitude de ce genre est pour la science pleine
de périls. Et n'est-ce pas, bien que Duhem se
range de suite parmi les créateurs, parmi ceux
dont le travail est fécond parce qu'il agrandit
toujours le champ des recherches, n'est-ce pas
cependant, si l'on veut lire entre les lignes, le
reproche que lui adresse Bouasse, à propos de
ces travaux sur l'hystérésis ? N'oppose-t-il pas
dans sa critique la réalité empirique, le travail
concret du laboratoire, aux formules prématurées,
aux généralisations trop hâtives, aux abstractions
trop éloignées des faits, au formalisme qui veut
enserrer le réel, mais le vide toujours pour cela
de quelques-uns de ses aspects intéressants et
importants? Et Bouasse ne recourt-il pas, dans
cette même critique, aux modèles mécaniques, à
la représentation sensible, à l'hypothèse figura-

tive, car elle lui semble plus propre à faire saisir la réalité du fait? Elle est donc plus concrète,
elle est une image; elle est donc plus près de
l'expérience et des données qu'il faut retenir.
Voilà le mécanisme bien vengé du reproche qu'on
lui adresse sans cesse dans l'autre camp : de
substituer une nature arbitrairement simplifiée
à la vraie nature. Que dire alors de l'énergétique, si elle substitue, on n'ose pas dire des
mots aux choses, mais des formules de calcul
dont les termes sont souvent arbitraires aux
données de l'expérience, aux propriétés perceptibles des phénomènes ? Mieux vaut avoir une
explication encore lointaine, mais en contact avec
les faits, qu'un formulaire plus précis, mais tout
artificiel.

4. — La grande raison psychologique pour
laquelle le mécanisme semble ici préférable à
l'énergétique, c'est au fond qu'il n'y a pas d'entendement pur : on ne pense jamais sans images.
L'intuition sensible est nécessaire à la pensée,
comme l'air à la vie. Dire qu'il n'y a pas d'entendement pur, pas de raison pure, ce n'est pas sou-
lever la vieille et stérile querelle de l'apriorisme
et de l'empirisme. Elle n'a plus grand sens, au
point de vue psychologique. Admettrait-on avec
Kant qu'il y a dans la pensée des éléments qui
ne viennent pas de l'expérience? on est bien forcé
d'admettre avec lui que ces éléments ne sont

donnés qu'avec l'expérience, que toute pensée
commence nécessairement avec elle. Celle-ci est
la matière à laquelle les éléments à priori viennent s'appliquer comme une forme, et dans toute
existence matière et forme sont inséparables.
Dire que l'on ne pense pas sans images, c'est donc
affirmer que, même si l'on admet un élément à
priori, il faut accorder qu'il n'est donné et qu'il
n'est saisissable qu'avec l'intuition sensible.

Cette question mise à part d'un élément ou
plutôt d'une fonction qui, dynamiquement, modifie en les assimilant les données de l'expérience,
tous les psychologues s'accorderont à reconnaître
que les idées, les concepts, ont une substructure
d'images, de perceptions, substructure qui leur
donne leur sens ou leur assigne leur fonction. En
tout cas, au point de vue scientifique, la question est définitivement tranchée, et les énergé-
listes, plus empiriques que quiconque en matière
scientifique, admettront que l'expérience seule
peut fournir les prémisses d'un raisonnement.
N'ont-ils pas souvent reproché au mécanisme de
construire à priori, de donner au raisonnement
une importance qu'il n'a pas? Alors pourquoi une
fois que l'expérience a joué son rôle, s'efforcer
de systématiser ses résultats en partant de généralités conceptuelles, de façon à déduire, en
apparence, de formules, et par un raisonnement
aprioristique, les moyens de prévoir les particula-

rités des phénomènes réels ? La méthode inverse, qui part des données les plus élémentaires de l'expérience, et qui, à la suite de l'expérience, les complique et les complète progressivement, en détermine plus précisément le domaine, cette méthode concrète n'est-elle pas, par rapport à la marche évolutive de la connaissance, comme à sa nature, préférable à la méthode abstractive ? On a vu que cette dernière ne semblait pas en réalité plus économique pour la pensée, car elle augmentait les difficultés inhérentes à tout effort d'abstraction. Il est possible de dire en outre, maintenant, qu'elle est l'effet d'une illusion psychologique : le concept pur est un mythe, et un mythe dangereux. Puisqu'il n'a de sens que par une intuition empirique, puisqu'il est le résultat de l'évolution des images, n'est-il pas plus naturel de systématiser des connaissances en conservant toujours, à côté des formules, des intuitions empiriques capables de les remplir, comme dans la figuration mécaniste ?

CHAPITRE VI

LIMITES QUE LA PSYCHOLOGIE
DE LA CONNAISSANCE
SEMBLE ASSIGNER A L'ÉNERGÉTISME

1. Le concept d'après la psychologie contemporaine est
un substitut de l'expérience. — 2. La théorie physique,
énergétique, simple assemblage de concepts, n'est qu'un
résumé de l'expérience. — 3. Aussi la physique théorique énergétique est-elle séparable de la physique expérimentale. Elle n'est qu'un mode d'exposition de l'acquis.
— 4. Ce rôle est bien du reste l'un des rôles essentiels
de la théorie physique. — 5. Mais il n'est pas le seul. La
théorie doit servir encore à la découverte. — 6. Supériorité du mécanisme à ce point de vue. — 7. Conclusion.

1. Les résultats que l'on peut atteindre à
l'aide de la méthode abstractive sont, dès lors,
d'un point de vue purement psychologique, assez
aisés à circonscrire.

Si, comme l'a dit Kant, toute connaissance
commence avec l'expérience, si tout concept
repose sur une substructure sensible, le concept
ne peut être qu'un résumé de connaissances ; il
ne peut être un procédé d'acquisition, un moyen

d'invention et de découvertes. La psychologie, en distinguant toujours l'imagination de la conception, réservait l'invention et la découverte comme une propriété spéciale de l'imagination. L'activité créatrice de l'esprit s'opposait ainsi à son activité rationnelle, l'une allant de l'avant, ajoutant sans cesse, au milieu des hypothèses, des aventures, des risques, des illusions, des erreurs, à notre connaissance, l'autre ordonnant, réglant ce qui paraissait définitif. Mais la psychologie moderne, en effaçant, dans son sentiment profond de la vie réelle de l'esprit et de sa continuité organique, les distinctions abstraites et les oppositions arbitraires, en liant intimement l'image et le concept, l'imagination qui crée, et la raison qui harmonise, a peut-être encore rendu plus nette la nécessité de l'image dans l'invention, en même temps que la nécessité parallèle des concepts régulateurs, discipline de l'invention. Et c'est vraiment [illegible] de la psychologie contemporaine que le concept est un résumé de connaissances, ou, selon le mot heureux de Taine, un substitut. Il n'a de valeur, comme le papier-monnaie, que par les expériences qu'il recouvre. C'est un abréviateur utile et ce n'est que cela. Par conséquent envisager une systématisation conceptuelle, formelle, de nos connaissances scientifiques, c'est, de parti pris, borner la théorie scientifique au rôle d'abréviateur utile, de résumé de connaissances déjà acquises. C'est lui fermer tout le champ de l'invention et de la découverte ; c'est considérer qu'elle ne sera d'aucune aide, d'aucune valeur pour faire progresser la science. La théorie n'est plus un moyen d'investigation. C'est une table des matières.

2. — C'est d'ailleurs ce que proclament la plupart des énergétistes. Pour Mach, le but dernier de la science n'est-il pas l'économie de la pensée? Ramasser nos connaissances de la façon la plus maniable, les condenser dans la construction la plus sobre, voilà à quoi doit viser avant tout la physique formelle. Or, la physique formelle est la forme définitive que doit atteindre la physique, si bien que la fin de la science est tout entière dans la description la plus condensée des phénomènes. Rankine, s'il ne formule pas d'une façon aussi explicite que Mach le principe d'économie de la pensée, n'en cherche pas moins une forme théorique qui soit le simple développement des acquisitions que la science considère comme définitives. La physique théorique ne cherche qu'à disposer, — toujours de la façon la plus utile et la plus simple, — les matériaux que lui fournit la physique expérimentale. Mais là s'arrête sa tâche. Elle ne se soucie nullement d'ajouter à ces matériaux. Les progrès de la physique ne l'intéressent pas. Elle les constate et c'est tout. Elle

ne crée pas, elle construit. Elle dispose pour le
mettre à notre portée, ce qui a été trouvé par
ailleurs. La théorie n'est pas hypothétique ; elle
ne pousse pas l'imagination dans des voies nouvelles, à l'aventure peut-être, mais aussi à la
découverte. Elle est simplement abstractive. Elle
extrait des découvertes déjà faites un moyen
harmonieux de les organiser.

Et Ostwald ou Duhem ne diront pas autre
chose. La théorie est essentiellement une formule descriptive. Repérer les phénomènes, les
observations empiriques, par un système de
symboles facile à manier, qui groupe toutes les
lois naturelles. voilà le but de la théorie physico-
chimique. La théorie concerne donc seulement
les lois naturelles *que nous connaissons déjà*, les
observations *que nous avons déjà faites*, les phénomènes *que nous avons déjà étudiés*, et les résultats d'expérience, *considérés comme définitifs*.
Jamais la théorie n'est proposée comme moyen de
découverte. Elle doit faire en sorte que les résultats des calculs qu'elle permet, coïncident avec
les résultats de l'expérience ; mais en eux-mêmes
ces calculs peuvent être tels ou tels, pourvu que
leurs résultats, qui seuls importent, soient bien
ceux que l'on cherche. La théorie peut, à la
rigueur, être elle-même telle ou telle ; l'arbitraire
peut avoir régné dans sa construction. Tout cela
montre bien que la théorie n'a jamais la préten-

tion de servir à la découverte des lois nouvelles,
à l'étude des phénomènes non encore étudiés. Le
voudrait-elle qu'elle ne le pourrait pas. Elle est
naturellement stérile. La théorie est une traduc-
tion à l'usage de l'esprit, des résultats de l'expérience. Limitée à traduire, elle ne servira jamais
à une découverte originale. Comme le démiurge
des conceptions grecques, la théorie énergétique
organise mais ne crée pas.

3. — Aussi le domaine de la physique finit-il
par se diviser en deux parties bien distinctes : la
physique expérimentale et la physique théorique
ou physique mathémathique. Cette scission est
encore admise plus ou moins explicitement par
tous les énergétistes. L'analyse du développement de la physique par Mach, place, à côté
d'une physique inductive et déductive qui se meut
dans le cercle de l'expérience, une physique formelle qui en systématise mathématiquement les
résultats. Ce qui accentue chez ce théoricien
l'isolement des deux physiques, c'est précisément que la phase déductive d'une étude physique est cette phase où les hypothèses systéma-
tisatrices sont encore les hypothèses inventives,
où les théories imaginées (ce sont toujours des
théories mécanistes) servent à la découverte.
Elle se développe parallèlement à la physique
inductive, tant que la science cherche à étendre
son patrimoine et va encore à l'aventure dans

l'inconnu des lois naturelles. Mais dès que par les hypothèses, parfois les plus bizarres, (peu importe les moyens employés, s'ils ne sont que des moyens) on est arrivé à formuler les lois des phénomènes, la tâche objective de la science est achevée ; on connait de la nature ce qu'on peut en connaître dans le cercle que l'on s'était proposé d'étudier. Et alors, pour ce cercle, commence la période où le savant n'a plus qu'à chercher à systématiser de la façon la plus maniable pour l'esprit, et pour les nécessités techniques, les résultats acquis. Le moyen le plus rapide de calculer les résultats que l'expérience fournirait dans le laboratoire, partant le moyen le plus rapide de prévoir, sous telles conditions données, les phénomènes naturels, leurs transformations successives, leur marche et leurs effets, voilà la théorie physique. La physique mathématique n'a point d'autre but.

Ostwald et Helm partagent absolument cette conception : la théorie physique est le but et le terme de la science physique ; elle est une description au moyen du symbolisme mathématique, un repérage des phénomènes physiques. Elle est pour le savant ce que les points et les lignes marquées sur un canevas sont pour un ouvrier d'art. Le modèle, sorti de l'imagination inventive de l'artiste, est ici la recherche expérimentale du laboratoire.

Duhem pense à son tour que la théorie est un dispositif créé arbitrairement et librement par l'esprit, comme les combinaisons de concepts dans la logique formelle, de nombre dans l'arithmétique, de lignes dans la géométrie. Elle ne peut donc rien avoir de commun avec la physique expérimentale, sinon les résultats qu'elle doit permettre de calculer tels que l'expérience autorise à les prévoir. Elle est un instrument forgé par nous pour manier la matière que fournit la physique expérimentale ; mais un instrument qui n'a de commun avec l'œuvre que l'utilité qu'il offre pour l'accomplir. L'arbitraire de la théorie physique ne se comprendrait pas autrement : la connaissance d'un objet ne peut être arbitraire, elle est, au moins partiellement, imposée par la nature de l'objet. La physique théorique est à la physique objective ce que la logique formelle est à un ensemble de faits.

L'énergétique conduit donc à séparer absolument l'exposition de la vérité, et les moyens employés pour l'exposer, de la découverte de la vérité et des moyens employés pour la découvrir. Elle creuse un fossé profond entre l'expérience et la théorie. Le seul pont qui les réunisse, c'est l'obligation à laquelle est assujettie la théorie, de permettre de calculer assez exactement les résultats de l'expérience. Mais en elle-même la théorie est indépendante de l'expérience, puisqu'elle n'a

par elle-même aucune vertu inventive, aucune
capacité de découverte. Son rôle en définitive est
d'économiser notre travail intellectuel, dans le
rappel des connaissances que nous avons déjà,
par ailleurs. C'est un aide-mémoire.

4. — Il est certain que la théorie physico-chimique a toujours eu depuis la Renaissance ce rôle
économique. Et en ce sens ce que Mach a appelé
le principe d'économie de la pensée est vraiment
un principe directeur de la connaissance scientifique. Principe dérivé d'ailleurs : il n'est, si l'on y
prend garde, que la conséquence de la méthode
déductive, c'est-à-dire du principe d'identité transformé lorsqu'il est appliqué au raisonnement
démonstratif en principe d'identification. La forme
la plus économique sous laquelle on puisse présenter un ensemble de connaissances, est évidemment une forme systématique ; car les liaisons du système facilitent puissamment le rappel,
le maniement et l'utilisation de ses éléments. Et
de toutes les formes systématiques, une forme
déductive dans laquelle la démonstration mathématique effectue toutes les liaisons du système
est assurément à son tour la plus économique ;
car elle dérive de proche en proche les phénomènes les uns des autres.

Une formule mathématique est toujours une
formule de dérivation : je n'ose pas dire de
réduction, ce qui serait peut-être l'idéal de l'éco-

nomie de la pensée ; mais cette réduction des phénomènes les uns aux autres est formellement proscrite par l'énergétique et n'existe que dans le mécanisme. Or, le nerf de la dérivation et de la déduction, et ce qui la rend économique, c'est certainement le principe d'identité, et son application continuelle. Le principe d'économie de la pensée est donc, en tant que principe directeur de la connaissance scientifique, beaucoup moins nouveau qu'il n'en a l'air. Le mot est nouveau et a ajouté d'ailleurs à la chose une précision et une limitation bien intéressantes. Mais la chose, à la considérer d'une façon très générale, est très ancienne, car le principe d'identité est la première loi que la philosophie grecque ait nettement dégagée des démarches de la pensée théorétique. Aussi est-il incontestable que la théorie physique, comme toute théorie, comme toute science, comme toute connaissance, est grâce à la synthèse qu'elle recouvre et à la possibilité de déduction qu'elle cache, une économie de pensée. Et à ce point de vue la théorie mécaniste, c'est-à-dire la théorie physique, depuis la Renaissance n'a aucun désavantage vis-à-vis de la théorie énergétique.

5. — Mais pour être une économie de la pensée, et pour l'avoir toujours été, notamment depuis le xvi⁺ siècle, la théorie physique ne doit-elle être que cela, et n'avoir d'autre propriété ou d'autre

utilité ? La plupart des savants ne sont pas de cet avis. Ils prétendent que la théorie est avant tout un instrument de découverte ? Une conception de la théorie physique, assez fréquemment exposée à notre époque, ne fait-elle pas de cette théorie un élément de travail, dont l'objectivité, la conformité aux phénomènes naturels importent peu, *pourvu* qu'il suggère des vues nouvelles et qu'il pousse toujours plus loin nos investigations. Si cela est vrai, ce qu'il y a de plus important dans la théorie, ce serait moins sa valeur systématisatrice, sa vertu d'exposition de la vérité, que sa valeur créatrice, sa vertu d'invention. La théorie, œuvre de l'imagination, devrait toujours chercher à devancer sur le chemin de l'hypothèse, le raisonnement rigoureux et précis, ouvrir des aperçus nouveaux, féconds en erreurs sans doute, mais aussi féconds en vérités, puisque c'est toujours au milieu d'erreurs sans nombre que l'on s'est approché de la vérité.

Historiquement au reste, tels nous apparaissent bien le rôle, et l'utilité essentielle des théories physiques. Toutes les grandes découvertes ont été faites, non à l'aide d'expériences pour voir, mais d'expériences dirigées par de grandes théories. Ces expériences ont été la plupart du temps subordonnées étroitement à la théorie. Et même la théorie a prévu quelques-uns des résultats les plus féconds de l'expérience. Ce n'est pas un des

moindres titres du mécanisme que l'immense
quantité d'expériences qu'il a provoquées, et
l'ample moisson de résultats qu'elles ont fournie.
Chaque pas en avant, dans la science a été précédé d'un progrès dans les théories mécanistes.
Et les expériences qui forment le contenu de la
physique expérimentale sont toutes historiquement des expériences de vérification, et de vérification d'une hypothèse mécaniste. Toutes les
découvertes de l'optique ont été subordonnées à
deux théories mécanistes, la théorie de l'émission
et celle de l'ondulation, et à leur rivalité. Faut-il
rappeler que la théorie de Maxwell a provoqué
les expériences de Hertz et de Zeemann, et que
ces expériences sont en somme des vérifications
de la théorie de Maxwell ?

Aussi n'est-il pas étonnant que les savants qui
ont analysé logiquement les conditions de la
science expérimentale aient énoncé comme une
des plus importantes la nécessité de l'hypothèse
théorique. L'idée préconçue de Claude Bernard, la
suggestion de l'imagination, dans l'induction, sont
devenues des lieux communs de la logique inductive contemporaine.

A un point de vue moins banal et plus appro-
fondi, H. Poincaré a montré combien la physique
théorique tenait étroitement à la physique expérimentale — jusqu'à en être une simple promotion — et comment les principes ou les grandes

hypothèses n'avaient à son avis de raison d'être
que leur fécondité sur le terrain expérimental. Là
est le véritable critère de leur validité, le titre
imprescriptible de leur légitimité. Un principe,
une théorie (car tout principe entraîne une théorie, et toute théorie postule des principes) ne sont
admissibles qu'autant qu'ils suggèrent des expériences nouvelles, et que ces expériences appor-
tent des résultats nouveaux. Ainsi la physique
théorique sort de la physique expérimentale et y
ramène [1]. Ou, plus exactement, il n'y a lieu de les
distinguer l'une et l'autre que par abstraction.
Elles sont deux moments inévitables, ou deux
phases inséparables de la même méthode. La
théorie, au fond, c'est la part de l'esprit dans la
science, c'est l'activité créatrice, surtout lorsque
théorie et hypothèse sont presque termes syno-
nymes; et qui songerait aujourd'hui à supprimer
la part de l'esprit dans la physique ? Qui parle-
rait encore de l'empirisme absolu que l'on a
voulu attribuer à certains savants, à Newton et à
Magendi, par exemple, et bien à tort : car un
savant peut-il avoir la prétention de supprimer la
recherche, donc les créations de l'esprit et de
l'imagination ? Aujourd'hui, plus que jamais, l'hypothèse est partie intégrante de la méthode expérimentale.

1. Cf. H. Poincaré, *Science et Hypothèse* (passim).

6. — Or, c'est pour faire de la théorie un répertoire, et seulement un répertoire, que Rankine, Mach, Ostwald, Duhem, ont imaginé et perfectionné la théorie énergétique. Ils ont voulu, le créateur Rankine le dit d'une façon bien nette, éliminer toute hypothèse de la systématisation, être purement abstractifs, extraire du connu les seules généralités qu'il autorise. Par cela même la physique théorique qu'ils construisaient ne pouvait aider à la découverte que d'une manière accidentelle et indirecte : par un heureux hasard.

La nature de la construction énergétique entraînait d'ailleurs cette conclusion, en bonne logique. La découverte dans les sciences physico-chimiques, est toujours le résultat d'une expérience. Une expérience est évidemment une suite de perceptions. Cette suite de perceptions ne se présente pas par une chance fortuite dans un laboratoire ou dans la nature. Il faut l'avoir préparée, y avoir « pensé longtemps ». Si on veut préciser cette « longue patience » on peut dire qu'il a fallu « imaginer beaucoup ». L'histoire d'une découverte est toujours un agencement d'images. Les idées n'ont de valeur qu'en tant qu'elles entraînent une multitude d'images. Ce qu'il y a dans l'esprit du physicien sur la voie de la découverte, c'est donc toujours la prévision d'une série de perceptions possibles. La découverte physique consiste à actualiser par l'expérience une possibilité de perception. L'intuition sensible ou empirique, voilà une de ses conditions nécessaires.

Il résulte de là que l'hypothèse féconde dans le domaine physico-chimique est nécessairement une hypothèse imaginable, une hypothèse construite en termes de perception, en langage sensible. Une hypothèse dont les termes ne se représentent pas d'une façon concrète n'aura aucune vertu inventive. Elle sera comme ces poèmes romantiques d'un symbolisme si abstrait qu'ils ne peuvent ni émouvoir, ni inspirer. La théorie physique purement conceptuelle a des chances d'être inféconde. Excellent moyen descriptif pour résumer ce que nous savons, elle perd de cette excellence dès qu'il s'agit de pénétrer plus avant dans la connaissance de la nature. Et c'est peut-être pour avoir cru que toute la science physique se réduisait à la conception théorique des énergétistes, ou était du même ordre qu'elle, qu'on a pu proclamer avec une apparente logique la faillite de la science. Une critique mieux informée en matière scientifique aurait vu que les énergétistes ne réduisaient pas toute la science à la théorie, et séparaient à cause de la stérilité plus ou moins aperçue de celle-ci, le domaine de la découverte et de l'expérience du domaine de l'exposition systématique.

Il n'en reste pas moins alors, du point de vue

des conditions de la connaissance, qu'il y a certainement un danger à séparer le domaine théorique du domaine de la recherche. L'attitude la plus simple, la plus normale, semble plutôt consister, toujours du même point de vue, à suborder étroitement le domaine théorique au domaine de la recherche, et à poursuivre, même dans l'exposition systématique, dans ces sortes de revues générales que forment les théories, l'augmentation du capital antérieur. Ainsi ne sera-t-on point exposé à faire naître l'illusion d'une faillite prochaine.

C'est précisément ce que réalise le mécanisme.

Il offre en même temps qu'un procédé de systématisation, un procédé de découverte ; car sa systématisation tout en essayant de correspondre aux expériences actuelles, et de les intégrer dans une construction logique dans une synthèse démonstrative, s'efforce également de prévoir les résultats possibles des expériences futures. N'y a-t-il pas là une condition de santé psychologique pour la théorie physico-chimique ? La science ne doit-elle pas, plus encore que sur le passé et le présent, toujours tourner ses regards sur l'avenir ?

En résumé, la construction énergétique, en mettant les choses au mieux, n'envisage que nos perceptions actuelles ; le mécanisme anticipant

par ses hypothèses sur nos connaissances, essaye
d'envisager encore des perceptions possibles.
Or, l'univers n'est pas seulement composé des
perceptions actuelles ; il l'est encore des perceptions possibles ; il est une possibilité de perceptions. Et la physique a pour but de rendre
actuelles toutes les perceptions possibles, si elle
veut nous faire connaître l'univers. La théorie
physique, tout en nous offrant le tableau ordonné
des perceptions actuelles, doit aussi compter
avec les perceptions possibles, et même doit
surtout chercher les moyens de faire passer ce
possible à l'acte. Je veux bien que la physique
ne doive ni altérer, ni dépasser l'expérience.
Mais pour ne pas altérer l'expérience, il ne faut
pas arbitrairement la restreindre à l'expérience
acquise jusqu'ici. Et ce n'est pas dépasser l'expérience, que faire une part à la prévision et à
l'expérience de demain.

On arriverait même, sans forcer dialectique-
ment, je crois, les conclusions de la discussion,
à montrer que, de l'énergétique et du mécanisme,
c'est, malgré ses hypothèses et ses anticipations
sur les perceptions virtuelles, le mécanisme qui
reste le plus constamment et le plus étroitement
fidèle à l'expérience. Qu'on se rappelle simplement l'absence voulue de représentabilité, de
figuration empirique, l'idéologie abstraite qui
caractérise la construction énergétique. Qu'on se

rappelle qu'elle n'est saisissable, de l'aveu de
ses défenseurs, que pour des esprits abstraits,
qu'elle vise, non à être imaginée, mais seulement
à être intelligible. Et au point de vue psychologique, on peut voir combien elle est loin, et combien elle tend à s'éloigner de l'intuition empirique,
fondement de la recherche physique. Qu'on se
souvienne en particulier de ces termes auxquels
il est impossible d'assigner un sens concret, un
sens physique, et qui ne s'introduisent arbitrairement dans la formule que pour corriger la distance qu'il y a entre les données numériques
fournies par les instruments de mesure et les
nombres que calcule la théorie. Si un mode d'exposition de ce genre peut avoir quelque effet sur
la recherche, ce ne peut-être que pour l'égarer si
on revêtait d'un sens physique cette correction :
car, ou bien cette correction cache une méprise
fondamentale dans le terme qu'elle corrige, une
inadaptation complète de ce terme aux phénomènes qu'il veut représenter, ou bien elle cache
une multiplicité de phénomènes influant en des
sens différents. Dans les deux cas la forme théorique telle que la conçoit l'énergétique ne don-
nera aucune indication sur les relations naturelles
des phénomènes, et ne nous fera pas avancer
d'un pas dans la connaissance de la nature.

C'est d'ailleurs ce que pensent des praticiens
comme Van t'Hoff, bien qu'il incline lui-même vers

l'énergétique comme forme d'exposition, parce qu'elle exclut l'hypothèse, des physiciens critiques de la physique comme P. de Heen.

« Comme tout phénomène, l'équilibre chimique peut être considéré de deux points de vue différents, et les deux conceptions qui en résultent et se complètent mutuellement, peuvent être distinguées par les noms de *thermo-dynamique* et de moléculaire ou *atomique*.

« D'une part, on peut n'étudier l'équilibre chimique qu'au point de vue extérieur, sans se préoccuper du mécanisme qui en est la cause. Considérons par exemple, la décomposition du sulfhydrate d'ammonium.

$$AzH^5S = AzH^3 + H^2S,$$

décomposition qui s'arrête, comme on sait, lorsque les produits gazeux de la dissociation en présence du solide non décomposé ont acquis une certaine tension maxima. On ne voit dans cette décomposition que la formation d'une vapeur, jusqu'à une limite déterminée, aux dépens d'un solide de même composition. La pression, le volume, la température, l'état d'agrégation, la composition sont les seuls facteurs, tous *déterminables par l'expérience* dont on se contente. L'analogie avec le phénomène purement physique de la vaporisation est manifeste, et la liaison se fait sur le terrain de la thermodynamique.

dont les principes s'appliquent aux deux cas.

« On peut pousser l'étude plus loin par la considération du mécanisme mis en jeu, ce qui est surtout d'une grande importance dans l'équilibre chimique. Déjà l'état de repos qui caractérise un liquide volatil dont la vapeur a atteint sa tension maxima n'est qu'apparent, et résulte d'une condensation et d'une vaporisation équivalente et simultanée ; il en est de même, à plus forte raison, pour le sulfhydrate d'ammonium, où la vaporisation provient d'une décomposition en acide sulfhydrique et ammoniaque. Cette notion acquiert une importance pratique lorsqu'il s'agit de l'influence que peut avoir sur l'état d'équilibre un excès de l'un des composants, l'ammoniaque, par exemple. Ainsi le 2e problème fondamental a pour but d'obtenir une connaissance plus complète des mélanges homogènes et des principes d'équilibre [1]. »

L'introduction d'une hypothèse relative à une constitution de la matière « peut-être considérée, en dehors de sa réalité, comme un moyen didactique puissant. Toute la série des phénomènes se trouvant rattachée à une même cause et en découlant à titre de conséquence nécessaire, le lecteur peut prévoir par lui-même les faits qui vont s'observer. Mais indépendamment de cette

---

1. Van t'Hoff. *Leçons de Chimie Physique*. I. 9.

considération d'ordre purement pratique, qui relègue toute théorie au rôle de simple moyen même technique, ou de classification, les recherches théoriques ont, en réalité, un but plus élevé : celui de satisfaire un désir naturel de l'homme, celui de savoir, de remonter aux causes. Sans doute ces causes se présenteront toutes à nous sous forme d'hypothèses, plus ou moins probables ; mais leur degré de probabilité ne fera que s'accroître à mesure que les faits permettront d'élaguer un plus grand nombre de possibilités, tout en tendant à confirmer de plus en plus celles qui traduisent probablement la réalité.

« Qu'il nous soit permis de constater ici qu'il existe une école de savants atteints d'un mal intellectuel qu'on pourrait désigner sous le nom de pessimisme scientifique. Elle paraît s'être condamnée à ne jamais tâcher de savoir : pour elle, toute conviction qui n'a pas la certitude du fait observé est d'importance nulle. La théorie de la lumière elle-même n'est qu'un jeu d'esprit fort ingénieux permettant au calculateur de développer toute l'élégance de ses formules.

« La science prend alors l'aspect froid d'une collection d'objets soigneusement étiquetés, et n'ayant entre eux que les rapports qui sont imposés par l'évidence ou par un certain nombre de principes fondamentaux.

« Sans doute, la détermination de ces rapports

indépendants de toute hypothèse et qui ont trait, soit à la théorie analytique, soit à la théorie mécanique de la chaleur, présentent une importance telle qu'il est inutile d'insister pour le démontrer, mais ces sciences doivent être nettement distinguées de la physique proprement dite, dont la mission est de remonter le plus possible à la nature des choses.

« Pour établir la distinction qui existe entre la physique et la théorie mécanique de la chaleur, qu'il nous suffise de citer un exemple : Sir W. Thomson a démontré, en se basant sur le principe de la conservation de l'énergie, que la tension de la vapeur émise par une surface liquide concave est plus faible que celle émise par une surface plane, cette démonstration appartient à la théorie mécanique de la chaleur; elle est rigoureuse, mais elle élude complètement la recherche de la cause du phénomène. C'est au physicien qu'est dévolue la mission de rechercher cette cause[1]. »

On peut donc, je crois, conclure, au point de vue des conditions psychologiques de la connaissance, d'une part, que le mécanisme paraît plus favorable aux progrès de la physique et répond mieux aux nécessités psychologiques de la recherche expérimentale, et, d'autre part, que la

---

1. *La chaleur*, par Pierre de Heen.

théorie physique n'a pas lieu d'être séparée de la recherche expérimentale.

7. — L'œuvre de l'esprit dans la science, comme partout ailleurs, est une œuvre vivante. Une œuvre vivante est une œuvre profondément empreinte d'unité organique. L'unité organique dans la recherche scientifique exige que tout converge vers un même but : le progrès des connaissances. Psychologiquement, une physique théorique se développant arbitrairement à côté de la physique expérimentale, simplement pour la résumer et non pour la servir et anticiper sur elle, paraît assez difficile à concevoir. Une théorie énergétique, alors, ne pourrait jamais être que l'enveloppe d'une théorie physique. Elle devrait toujours subordonner ses formules à une théorie mécaniste, et les présenter simplement comme des procédés auxiliaires de calcul, auxquels la théorie mécaniste fournirait un sens physique, sinon immédiatement, au moins dans l'avenir.

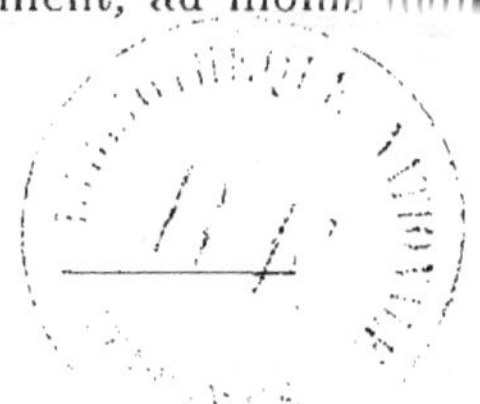

CHAPITRE VII

LA DÉDUCTION ET L'INDUCTiON
AU POINT DE VUE PSYCHOLOGIQUE

1. La déduction considérée comme essentiellement distincte
de l'induction. — 2. Pour élucider le problème de la
déduction scientifique, recours à l'analyse de la déduction mathématique par la philosophie moderne. — 3. La
déduction scientifique (par opposition à la déduction formelle), procède par synthèses successives. Historique :
a). Descartes : *b*) Kant. — 4. Comment on peut concevoir
aujourd'hui le procédé psychologique de la synthèse
déductive (fusion du principe d'identité et de l'intuition
sensible). — 5. L'intuition est donc nécessaire à la
déduction scientifique : celle-ci ne peut être formelle ni
arbitraire : un support intuitif a, dans la théorie, une très
haute importance.

1. — Il semble d'ailleurs que, chez certains
énergétistes, la conception de la théorie comme
forme d'exposition, et uniquement comme forme
d'exposition. procède d'une conception logique
et psychologique (toute conception logique ne
repose-t elle pas sur une conception psychologique ?) très accréditée depuis trois siècles par
logiciens et psychologues, au sujet des formes
du raisonnement.

Cette conception consiste essentiellement à considérer que le raisonnement déductif est distinct dans son essence du raisonnement inductif, qu'il va du général au particulier, et qu'il est incapable de nous apprendre quoi que ce soit que nous ignorions. On assimile la déduction mathématique à la déduction formelle, au syllogisme, et on considère que la science, sous sa forme théorique, doit procéder d'après une marche comparable à la marche dialectique et syllogistique, avec cette réserve que les concepts qualitatifs y sont remplacés par des notions quantitatives.

Les expressions mêmes que les énergétistes emploient pour qualifier cette théorie ne sont-elles pas symptomatiques? Théorie abstractive, dit Rankine, théorie *formelle*, dit Mach ; et Duhem : Pour construire la théorie, le physicien n'a à se soucier que d'une chose : ses raisonnements sont ils conformes au principe d'identité, c'est-à-dire à la loi de la logique formelle. Cette manière de voir conduit d'elle-même à considérer la théorie surtout comme une forme d'exposition, ainsi que Descartes ou Bacon considéraient le syllogisme.

2. — Il semble bien pourtant que la critique des Cartésiens, d'abord, de Kant et des néo-criticistes, ensuite, enfin des partisans modernes de la contingence des lois de la nature, est, sur ce point décisive. Une théorie purement formelle serait

une pure tautologie. Elle ne serait même pas une forme de connaissance ; la science, même quand elle se borne à exposer les vérités découvertes doit donc être autre chose que cela, à moins de n'être plus science. Tous les arguments sous lesquels la philosophie de la Renaissance a accablé la scolastique se retourneraient contre la déduction mathématique. La plupart des savants qui ont critiqué la méthode scientifique arrivent aux mêmes conclusions. Si un raisonnement se développe uniquement en vertu du principe d'identité, nous ne retrouverons rien dans sa conclusion qui n'ait été dans ses prémisses. Ce sera une pure tautologie, un cercle. On est donc fondé à considérer toute déduction formelle comme un simple artifice d'exposition, et un mécaniste reprocherait à bon droit à un tel artifice d'exposition de n'être qu'une table des matières où l'on renverse arbitrairement l'ordre dans lequel la nature s'est fait connaître à notre esprit ; classification très artificielle. Est-il besoin de faire remarquer que tout ce qui a été dit jusqu'ici de l'énergétique, et contre elle, coïncide exactement avec les critiques adressées par les savants de la Renaissance à la déduction syllogistique ?

Comment philosophes et savants de la Renaissance, comment Kant et tous ceux qui se rattachent à lui sur ce point conçoivent-ils, par opposition à la déduction formelle ou syllogistique, la déduction mathématique ? Cette conception aidera à élucider la nature de la déduction scientifique en général. On peut je pense, résumer, dans ce qu'elles ont de commun, leurs idées maîtresses, en empruntant à Kant sa distinction des jugements synthétiques et des jugements analytiques. La déduction scientifique est synthétique et non analytique. Si au cours des démonstrations, il intervient des jugements analytiques, elle est, en tout cas, partiellement synthétique, car elle fait appel, sinon dans toutes ses propositions, au moins dans ses prémisses, à des jugements synthétiques. Et sa vertu scientifique, la capacité de savoir virtuel que contient toute théorie déductive vient de cet appel répété, sinon constant, à des jugements de ce genre. Or, qu'on le prenne comme on voudra, un jugement synthétique comporte toujours un appel à l'intuition.

Pour les empiriques qui se rattachent de plus ou moins près à Bacon, il est à peine besoin de le prouver. L'intuition empirique seule peut justifier une proposition qui nous fait savoir quelque chose. En dehors de l'intuition empirique, il n'y a qu'idoles menteuses auxquelles l'imagination seule peut rendre un culte, lorsque la raison ne contrôle plus ses démarches. Des mots ou des erreurs, voilà ce dont l'esprit humain est capable, dès que l'expérience rigoureuse ne soutient plus sa faiblesse. Descartes eut une autre ambition. Il

voulut fonder en raison ce que l'empirisme ne
peut assurer qu'en fait ; il voulut démontrer ce
dont l'expérience ne peut que nous convaincre.
Au comment des choses, il voulut ajouter le pourquoi. Les mathématiques, par leurs longues
chaînes de raisons qui s'expliquent les unes les
autres, ne lui montraient-elles pas la voie ? Aussi,
étonné que sur des fondements si solides on n'ait
encore rien bâti qui nous fasse pénétrer la connaissance de l'univers, il entreprit une physique
mathématique, une explication démonstrative de
la nature, la longue chaîne des raisons des choses.
Si le raisonnement rigoureux tel que l'École l'en-
seigne est incapable de faire sortir une connaissance d'une autre, si, tout au plus, il peut expli-
citer une connaissance, peut-être la mathématique
sera-t-elle plus féconde. Le raisonnement, en
effet, n'est qu'une démarche de l'esprit. Cette
démarche peut bien nous amener à des points de
vue nouveaux, mais encore faut-il qu'on regarde en
cours de route, qu'on voie. Or, nous verrons à
l'aide de notre raison elle-même, considérée
comme faculté de connaissance. Elle nous révè-
lera les vérités premières. L'esprit les porte en
lui et les découvre au contact des choses, grâce
à l'intuition intellectuelle, comme la virtualité
passe à l'être grâce au mouvement, dans la physique scolastique. Ainsi le raisonnement n'est
rien que la façon dont la raison articule et déve-

loppe les notions qu'elle enferme, et ce sont ces
notions, matière de la connaissance, qui en constituent aussi le contenu réel. L'erreur de la scolastique fut de croire à la vertu du seul raisonnement, et, par suite, à la vertu des idées générales :
seuls éléments du raisonnement : un système
d'idées générales dont on développe toutes les
conséquences par syllogisme, voilà la science
pour l'École ; pour Descartes c'est un néant. En
effet l'idée générale n'a pas plus de rapports avec
l'existence que le raisonnement lui-même ; elle
n'est qu'un rouage du mécanisme, un artifice
dans cette technique artificielle. Rien dans la
nature ne correspond à la généralité ; de même
que le syllogisme est une forme d'exposition,
l'idée générale est une forme de notation ; les
concepts sont les étiquettes de ce répertoire déductif. En eux-mêmes et par eux-mêmes ils ne
sont rien. A quelle condition deviendront-ils quelque chose ? à quelle condition le raisonnement
vaudra-t-il lui-même quelque chose ? à quelle
condition la science aura-t-elle la rigueur de la
logique formelle et enseignera-t-elle quelque
chose ? les trois questions n'en font qu'une, et la
solution est une : à condition qu'au concept s'a-
joute une intuition, qu'il recouvre une réalité, une
existence. Alors le raisonnement ne sera plus une
forme vide ; il correspondra aux relations véritables des choses, et la science sera, non le déve-

loppement d'idées arbitraires, l'énoncé du possible, mais l'explication de ce qui est. La découverte profonde de Descartes dans la méthode, ce qui fait l'originalité de cette méthode, et sa fécondité, c'est qu'il a vu qu'on ne pouvait rien connaître d'une façon purement analytique, et que tout ce qu'on pouvait connaître devait nécessairement être connu synthétiquement, c'est-à-dire à l'aide de l'intuition, de quelque chose qui n'est pas créé par l'esprit, qui s'impose à lui du dehors. Peu importe, pour le sujet que je traite ici, que ce quelque chose s'impose directement à l'esprit, à priori, c'est-à-dire en dehors des sens, ou à posteriori, c'est-à-dire par l'intermédiaire des sens ; ceci est une autre question. Il faut et il suffit, pour caractériser la méthode moderne, qu'on pose nécessairement en face de l'esprit quelque chose, et que ce quelque chose résiste à l'esprit, ne soit pas créé par lui comme la généralité abstractive du concept de la scolastique. Il faut et il suffit qu'on pose un être, ou des êtres, c'est-à-dire une existence ou des existences particulières, qui ne soient pas des formules, mais qui aient un ensemble de propriétés rigides. Au fond, malgré toute la différence des termes et même des idées, le fondement du discours de la méthode, et de son opposition à la méthode de la scolastique, est cette idée émise par Berthelot pour caractériser la science positive : « Le monde ne

saurait être deviné ». Et cette idée c'est la pensée
même de la Renaissance scientifique. Des existences particulières révélées directement à nous,
par la faculté de connaissance que Descartes
attribue en propre à la raison, et qu'on attribuera
ensuite en général à la perception sensible[1], voilà
les prémisses fournies à la déduction mathématique, et qui la rendaient si solide. De pareilles prémisses vont être fournies, par une extension immédiate, à la déduction scientifique, en particulier
à la déduction physique. Et point n'est besoin de
chercher longtemps de pareilles prémisses. Elles
sont pour Descartes absolument identiques à
celles des mathématiques ; en continuant la
construction élevée par les mathématiciens on
arrivera à la physique elle-même. L'étendue,
voilà quel était l'être, l'objet rationnel, dont l'intuition permettait les synthèses qui soutiennent
l'esprit dans le raisonnement mathématique, et
font que ce raisonnement n'est ni une tautologie
ni un cercle. Ce sont les propriétés de cet être,
aperçues par l'esprit dans une vision singulière,
qui donnent au raisonnement sa vertu didactique.
Et qu'on ne s'y trompe pas : l'étendue, pour Descartes, ce n'est pas une qualité générale, une
qualité qu'on retrouve dans tous les êtres, et

---

1. Kant lui-même, pour qui le jugement synthétique *a
priori* est une forme vide, un néant, sans l'expérience.

qu'on en extrait par une propriété mystérieuse de l'esprit. Les qualités n'existent que par rapport à un être ; en elles-mêmes, elles ne sauraient prétendre à l'existence : ce sont de pures possibilités, de pures contingences, mirage illusoire de notre sensibilité particulière. Connaître une qualité ou ne rien connaître est identique, car une qualité ne se connaît que lorsqu'elle est rapportée à l'être dont elle est la surface : c'est un comment dont il faut chercher le pourquoi. L'étendue est précisément le support de toutes les qualités ; c'est une position, une existence, un être réel, vivant, efficace, substantiel. Une qualité est toujours occulte, car l'esprit se borne à la constater sans saisir sa raison d'être, tant qu'il ne connaît pas ce qu'elle qualifie. Une qualité séparée de la chose qualifiée, c'est un mystère aussi incompréhensible que celui d'une masse pesante se tenant en équilibre dans le vide[1]. Une qualité ne peut être que la propriété d'un être, et ce qui fait la connaissance et la science, c'est l'aperception, l'intuition de cet être, raison dernière de ses apparences qualitatives.

3. — Comment procédera alors la déduction ?

1. Descartes répugne au fond à l'atomisme pour la même raison qu'il répugne à la philosophie de la qualité, car, comme la qualité pure, le vide, c'est l'absence d'une existence que l'esprit puisse appréhender. Or là où il n'y a pas un être, il n'y a rien.

Elle procédera, grâce à l'intuition de l'objet et de ses propriétés, *par synthèses successives*. La marche analytique de la méthode ce que nous appellerions aujourd'hui la méthode inductive et expérimentale, et ce qui était pour Descartes une analyse remontant peu à peu des complexes aux éléments, des conséquences aux causes, grâce à un travail exécuté par la raison sur ses propres données, nous amène aux raisons des choses ; la marche déductive, d'une façon tout à fait analogue, prend pour point de départ ces raisons des choses. Elle recompose ou reconstruit avec elles toutes les propriétés de l'objet. La marche déductive n'est donc rien autre, au fond, que la marche analytique.

Le procédé de l'esprit n'est point différent : seul diffère l'ordre des matières auxquelles s'applique le procédé. Et tandis que dans la première phase, on va à l'aventure et en tâtonnant, toute hésitation disparaît dans la seconde. La différence des deux méthodes et en même temps leur analogie profonde, se voient surtout en mathématiques, quand on compare précisément ce qu'on y appelle la méthode analytique et la méthode synthétique.

Reste à nous demander en quoi consiste ce raisonnement déductif soutenu par l'intuition, et comment s'effectue cette synthèse compatible avec la déduction, d'où la science théorique tire

toute son efficacité. Dire en gros ce que cette
synthèse n'est pas, est assez facile. Ce n'est pas
une démarche du général au particulier, puisque
c'est une synthèse. Descartes ne part jamais de
l'être, d'une qualité, mais toujours *d'un* être :
Dieu, pensée ou étendue. Sera-ce une démarche
du particulier au général ? Ce serait plus plausible, car la déduction scientifique opère des
généralisations successives dans les mathématiques et les théories mécanistes. Mais, comment
alors comprendre que ce soit une déduction ?
Donc, dira-t-on, c'est une démarche du particulier au particulier, et cette formule concorderait
bien en effet avec le nominalisme des penseurs
de la Renaissance. Mais elle est encore défec-
tueuse, car la connaissance, si elle s'appuie sur
une intuition de la réalité, et par suite sur une
intuition d'une existence particulière, est commune à un nombre indéfini d'objets. Elle exclut
le général, au sens scolastique du mot, mais elle
admet la notion commune, elle pose l'idée de loi
naturelle, incompatible avec l'idée d'une méthode
qui ne va que de particularité, en particularité,
de singularité en singularité. S'il n'y a de science
que des individus, il n'y a pas de science d'un
individu.

On caractériserait peut-être assez justement
la synthèse qui fait la puissance de la déduction
scientifique, en disant qu'elle est une assimila-

tion progressive du même au même, une réduction, une énonciation d'équivalence.

a) Une première preuve de l'adéquation de
cette formule pourrait être fournie par ce fait
que, dans toute l'école Cartésienne, il y a un
effort évident pour réduire la réalité au plus petit
nombre possible de substances. Le panthéisme
est la racine de la pensée de la Renaissance et
de la pensée moderne. En tout cas, pour Descartes lui-même, l'univers, et par suite la science
depuis la mathématique jusqu'à l'étude du corps
humain (et sa conception des passions humaines.
et même de la morale, tend à réduire autant
qu'un chrétien le peut, l'intervention d'une
seconde substance) est tout entière l'étude d'une
seule substance et de ses propriétés. La seconde
preuve, la plus décisive, est la façon même dont
il pose le problème de l'intuition : ce n'est pas
en une démarche de l'esprit que consiste l'intuition, mais en une aperception de deux propriétés
comme faces indissolubles d'un même être ; ma
pensée et mon existence, le parfait et son existence ; l'étendue et l'univers. Plus exactement
je vois un même être sous deux faces. ou en un
même être la coïncidence absolue de deux propriétés. De même deux quantités respectivement
égales à une troisième seraient égales entre
elles, ou la direction droite est le plus court chemin d'un point à un autre. Ce qui fait donc la

valeur de l'intuition c'est qu'elle est à la fois une
et double, c'est qu'elle nous montre la coïncidence ou plutôt la coexistence indissoluble dans
le même être de deux éléments, si bien que l'un
n'est en quelque sorte qu'une forme de l'autre,
comme les deux termes d'une équation. Et, ceci
posé, toute la méthode scientifique devient claire,
en particulier la méthode déductive. Elle procédera en mettant sous forme de raisonnement
cette aperception d'une identité ; c'est ce que
font continuellement la mathématique et la physique mécaniste. Toute conclusion nouvelle repose
sur l'aperception, dans un individu nouveau,
d'un individu déjà connu. Tout ce qui a été dit du
premier vaut donc pour le second. Dans la
recherche, cette réduction ne se démontre pas ;
elle se voit grâce à l'intuition ; mais dans l'exposé déductif elle peut être démontrée, puisque l'individu nouveau n'est que l'individu ancien
transformé, et que toutes ses propriétés se trouvent ainsi rattachées à ce qu'on sait déjà de
l'individu ancien, par voie de conséquence à
raison. Ainsi du polygone par rapport au triangle.
En d'autres termes la déduction construit, avec
des éléments empruntés à l'intuition, les objets
d'intuition encore inexpliqués, *per generationem.*
C'est en ce sens, mais en ce sens seulement, que
la déduction procède a priori et qu'elle recrée,
pour la connaissance humaine, les objets de cette

connaissance en suivant les enseignements de l'analyse.

En résumé la déduction Cartésienne ne démontre rien par un raisonnement formel ; elle ne fait pas un pas sans s'appuyer sur une intuition : intuition rationnelle, a priori, il est bien vrai, mais intuition d'une réalité objective, individuelle et substantielle.

b) La critique philosophique et scientifique de la connaissance au xvıı^e et au xvııı^e siècle roule tout entière sur l'apriorité de cette intuition et non sur sa nécessité ; ceci est historiquement hors de doute. On critiqua cette conception de la raison, lumière naturelle capable d'éclairer l'esprit sans le secours de la perception sensible des choses, faculté objective, qui peut poser un objet sans emprunter la fonction ordinaire de la représentation : la sensibilité. Mais personne ne mit en doute la nécessité d'une intuition, d'une perception de choses individuelles, pour donner une valeur de vérité aux opérations de la connaissance. Connaître uniquement avec l'idée générale et le raisonnement fut définitivement une chimère. Leibniz fit de la force un être réel, moulé sur la conception de l'être cartésien, au point de vue de son aptitude à être connue. Les forces se composent et s'harmonisent, et l'harmonie préétablie n'est pas, en ce sens, autre chose que la tentative la plus hardie pour con-

cilier l'individualité de l'objet de la connaissance, avec l'existence de lois naturelles univer-
selles, de notions communes au sens de Descartes ou de Spinoza.

Avec Kant le problème, en se compliquant en
apparence, se simplifie et se modernise. Le fondement de la déduction mathématique et de la
théorie physique, ou ce qui, pour lui, est tout un,
de la mécanique newtonienne, c'est le jugement
synthétique a priori. La théorie de la déduction
procédant par synthèse est, chez Kant, exposée
avec une netteté et une conscience qui l'ont
fait passer souvent pour le créateur d'une conception dont les origines, nous venons de le voir,
se trouvent dans l'esprit scientifique de la Renaissance. Mais la synthèse a priori est un jugement,
une relation créée par l'esprit et pour lui : ce
n'est pas une chose. Et, d'autre part, nul plus
que Kant n'a combattu l'intuition rationnelle de
Descartes. Toute la critique de la raison pure est
une machine de guerre contre elle, et contre
tout dogmatisme analogue. Il reste, semble-t-il,
que l'esprit procède uniquement par relations
entre concepts, et par là ne rejoint-on pas, *mu-*
tatis mutandis, une conception voisine du formalisme de la scolastique? Les jugements synthétiques a priori, ce ne sont pas les formules
intelligibles d'êtres réels : ce sont des formes de
l'esprit, tout comme ces idées générales qui nous

représentaient les formes qualitatives des choses. Ce sont des cadres abstraits, par eux-mêmes vides, et sans support réel, sinon un esprit, dont rien n'affirme, avant la critique de la raison pratique, la réalité effective, et qui en tous cas, ne pourra jamais se constater intuitivement, ou se démontrer discursivement. Raisonner en partant de relations formelles, développer toutes les possibilités de ces relations, n'est-ce pas retourner aux procédés formels d'une nouvelle syllogistique ?

Ce serait évidemment effectuer cette retraite vers l'antique théorie de la connaissance, si l'on oubliait qu'avec Kant « toute connaissance ne commence qu'avec l'expérience », et que Kant tient à la fois de Leibniz et de Hume, des empiriques et des rationalistes. Ce n'est qu'abstraitement et pour les besoins de la critique que Kant sépare les formes a priori de la pensée, les cadres synthétiques qui fondent sa possibilité, d'une part, et son contenu empirique, les représentations en quoi consistent sa réalité et sa matière, d'autre part. La relation formelle n'est antérieure à l'expérience que logiquement ; elle n'est isolée d'elle que logiquement. Réellement elles sont contemporaines parce qu'elles s'impliquent indissolublement. Et un jugement synthétique a priori, sans des représentations, c'est-à-dire sans une intuition empirique, sans un objet de perception, est un néant. Dans la théorie de Kant, plus que partout ailleurs, on voit justement le sentiment profond que la pensée considérée à un point de vue formel n'est qu'un cadre vide et stérile, que la pensée réduite à cette ratiocination scolastique ne pourrait pas en réalité penser. Pour qu'elle puisse penser et raisonner, il faut que l'intuition lui ait fourni une matière.

Nous retrouvons donc ici la nécessité de l'intuition affirmée avec autant de vigueur que par Descartes. Nous y trouvons, de plus, affirmée la nécessité de l'intuition empirique. La sensibilité enveloppe l'entendement et ne fait, dans la réalité, qu'un avec lui. Ce qui fait, dès lors, la vigueur et la fécondité de la déduction scientifique, c'est que chaque articulation de cette déduction implique une synthèse, et que cette synthèse implique, à son tour, intuition empirique. Le passage par le raisonnement, d'un terme à un autre est possible, parce qu'ils forment à eux deux une unité irréfragable dans la représentation.

Et là encore il se trouve vrai que nous n'allons ni du particulier au général, ni du général au particulier, ni du particulier au particulier, mais du même au même. Les catégories de l'entendement sont les conditions nécessaires et suffisantes de l'*unité* de l'expérience. La synthèse nécessaire opérée dans toute connaissance c'est l'assimilation, l'unification, la manifestation de l'équivalence des données primitivement hétérogènes.

La nécessité de l'intuition et d'une synthèse dans la déduction scientifique, l'impossibilité d'une déduction purement analytique sur le terrain de la connaissance effective sont désormais acquises ; ce sera le point de départ de la critique moderne de la science.

La méthodologie des sciences de la nature peut donc affirmer que la déduction synthétique, la déduction qui sert à systématiser les connaissances scientifiques, qui a donné à la mathématique et à la mécanique sa forme, et qui prétend la donner à la physique théorique, n'est pas le raisonnement analytique de la logique formelle. La considération d'un objet particulier (qu'on le considère comme donné dans une intuition a priori ou dans une intuition empirique, il n'importe) est essentielle à ce processus, tandis qu'il est au contraire essentiel de l'éliminer dans la déduction formelle.

4. — Il se déduit de là cette conséquence capitale, au point de vue de la forme générale des théories scientifiques et de leur nature : la science déductive, en gros, conserve la marche de l'induction : seulement, tandis que celle-ci n'établit qu'en fait le passage d'un terme à l'autre, la déduction l'établit en droit en construisant le second fait avec le premier, en engendrant théoriquement le

second avec le premier. Ce que la déduction ajoute à l'induction, c'est la justification de l'induction : elle la fonde. Et ce que la déduction ajoute à notre connaissance de la nature, c'est (dans les limites humaines) le pourquoi, la raison, des relations dont l'induction ne donne que le comment et qu'une vue, en quelque sorte, descriptive. C'est par ce biais qu'elle rationalise la science : en entendant le mot raison en un sens immanent à l'expérience et non transcendant.

Ce qui rend d'ailleurs possible cette forme de raisonnement, ce qui la rend d'une compréhension et d'une application plus faciles que dans la métaphysique Cartésienne, c'est le relativisme de la science moderne : *la science ne porte que sur des relations,* et non sur des êtres, sur des substances, sur des individus. Bien entendu le nominalisme général des savants prend la relation comme un *fait* individuel. Ayant abandonné toute spéculation sur les choses elles-mêmes, c'est-à-dire, si l'on veut bien l'approfondir, sur des essences qualitatives, sur la qualité, la « relation » est le terme élémentaire de toute connaissance. Plus exactement toute connaissance se présente sous forme de jugement, donc sous forme de relation, et ceci est encore un accord remarquable avec la psychologie moderne qui pose phylogéniquement le concept après le jugement[1]. Toute connaissance, tout fait (scientifique ou même perceptif) étant une relation, nous pouvons construire un fait avec un autre fait, et engendrer tous les faits les uns des autres, les relations plus complexes se déduisant nécessairement des relations plus simples ; toutes les relations peuvent donc finalement s'établir à partir des relations élémentaires. Ces relations élémentaires étant les plus simples et les plus fréquentes de toutes, ont été vraisemblablement en général les premières étudiées. La déduction scientifique n'est rien autre que la mise en pratique perpétuelle de ce procédé.

On peut alors se faire une idée d'ensemble de l'utilisation et de la portée de cette méthode.

La déduction synthétique en réalité ne généralise pas, mais, à l'aide de la déduction et de la seule déduction, on aboutit à des résultats qui, en eux-mêmes, sont de véritables généralisations, ou, plus exactement, une extension à des cas nouveaux d'une proposition démontrée antérieurement pour un autre cas ; ce dernier peut donc être considéré comme un cas particulier, et la proposition qui le réunit aux cas nouveaux considérés, comme une généralisation de la première proposition, encore que l'on n'ait jamais, comme

1. Voir Ruyssen, *Essai sur l'evolution psychologique du Jugement* (passim).

dans l'induction, sauté d'une prémisse particulière à une conclusion générale. C'est ce qui a
lieu constamment en mathématique. En repre-
nant les choses à rebours, on peut dire par
exemple que le théorème relatif à la somme des
angles d'un triangle, ou les théorèmes relatifs à
la circonférence ne sont que des cas particuliers
du théorème relatif à la somme des angles d'un
polygone, ou des théorèmes relatifs à l'ellipse[1].
On oublierait alors que, pour établir ces derniers,
il a fallu se servir des premiers, et que ceux-
ci constituent comme des faits privilégiés, qui
mirent d'abord en évidence une relation qu'on
peut ensuite retrouver par ailleurs. En somme,
la déduction accompagne pas à pas l'induction et
s'efforce de démontrer rationnellement, en droit,
ce que l'induction ne pose qu'en fait ; l'induction
donne le comment, la déduction, le pourquoi. Et
puisque l'induction nous élève progressivement
à des propositions plus générales, il faut bien
que par la déduction, aussi, nous puissions nous
élever à des propositions plus générales, bien
que la déduction ne puisse par elle-même généraliser, ce qui lui ferait perdre sa certitude et sa

1. Voir à ce sujet, bien que les choses soient présentées
d'une tout autre façon qu'ici, et que l'auteur tende à des
conclusions très différentes : Goblot, *Classification des
sciences*, chapitre sur la déduction mathématique (Paris,
F. Alcan).

vertu explicative. Elle procède du même au
même.

On peut montrer par une construction intuitive
(je veux dire par là à l'aide d'éléments figurés,
donnés comme représentables ou comme possibilités de représentations) que le cas nouveau
n'est qu'une complication du cas ancien, se
ramène à une multiplicité de cas identiques. Le
polygone sera une juxtaposition de triangles. Les
relations qui constituent les données d'une nouvelle question sont identiques, — quoique en plus
grand nombre, et autrement présentées, — à des
relations dont on connaît déjà les conséquences.
Donc elles doivent avoir les mêmes conséquences
et les mêmes lois. Partout on fera voir que le cas
nouveau est réductible à des éléments identiques
au cas déjà examiné, si bien que les conclusions
formulées à propos de ce cas valent nécessairement pour le cas nouveau. Au fond le passage à
la limite, si fréquent et si fécond en mathématiques, n'est pas autre chose, si on y veut bien
réfléchir, que l'établissement d'une identité de ce
genre, par une suite indéfinie d'identités inter-
médiaires. Le nerf de la déduction scientifique
est donc le passage du même au même, l'identification continue [1]. Il résulte de là que la marche

1. Sur la transformation du lien de succession (ou de
causalité) en lien d'identité, (qui donne à la causalité son
vrai sens. ou plutôt complète sa signification), voir Ribot,

du raisonnement est bien déductive, c'est-à-dire qu'on tire le cas nouveau du cas ancien, sans aucune intervention étrangère, puisqu'il y a toujours réduction du semblable au semblable, et qu'il n'y a jamais que réduction du semblable au semblable. Par cette identification, cette assimilation, la raison se sent satisfaite et sûre d'elle-même. Et cependant il se trouve, au terme, qu'on a généralisé, que l'on a rencontré la proposition que posait hypothétiquement ce saut dans l'inconnu qui caractérise l'induction, puisque une multitude de cas nouveaux sont réduits à un cas primitif et élémentaire. L'intuition et le principe d'identité se sont prêtés un continuel secours.

L'induction, découverte dans une expérience privilégiée, généralise, en l'étendant hypothétiquement, une relation de fait. La déduction transforme ce lien de fait en lien de droit, en montrant que cette extension est autorisée par l'équivalence foncière de tous les cas auxquels la relation est étendue. Il arrive alors très souvent que par la déduction pure, en transformant les données acquises, on arrive, sans le secours de l'expérience, à des conséquences que l'expérience vérifiera ensuite. C'est le cas des théories fécondes et des prévisions, dans le domaine phy-

Évolution des Idées générales ; chapitre sur l'idée de cause, *in fine* (Paris, F. Alcan).

sico-chimique. La déduction a augmenté nos connaissances. L'induction et la déduction poursuivent une marche parallèle, en se contrôlant continuellement.

Et l'on voit par là comment se justifie l'utilité de la forme déductive, bien qu'elle répète en quelque sorte la forme inductive. Elle est assertorique, tandis que l'autre n'était qu'hypothétique. Elle satisfait notre pensée ; elle nous donne la certitude mathématique. Elle est le savoir par excellence. En effet, par la construction qu'elle nous présente de la conclusion à l'aide des prémisses, elle nous apporte la raison satisfaisante, en tant que nécessaire et suffisante, de cette conclusion.

En approfondissant la comparaison de l'assertion inductive et de l'assertion déductive il semble qu'on puisse arriver aux conclusions suivantes :

Une induction est l'acte de l'esprit par lequel nous posons le résultat d'une expérience comme nécessaire et constant, comme l'effet d'une loi générale. Mais nous ignorons la raison de cette loi générale. Elle est pour nous une formule descriptive. Nous constatons, nous ne comprenons point.

Comme tout résultat d'expérience scientifique est une relation établie entre deux facteurs, entre deux phénomènes, la loi naturelle établie inductivement est l'affirmation d'une relation, et non seulement l'affirmation, mais encore la description exacte d'une relation entre ces deux termes.

Or toute description exacte d'une relation est un rapport mathématique, une mesure. La loi inductive consistera donc à affirmer et à formuler un rapport mathématique, à énoncer les variations des termes du rapport en fonction l'un de l'autre.

Mais ce rapport, s'il est nécessaire et universel, a forcément une valeur constante. En dernière analyse la loi inductive s'exprime sous la forme d'une constante (ce peut être la loi constante d'un devenir).

Nous restons strictement dans le domaine de l'induction, tant que nous sommes obligés de nous borner à affirmer la constance de ce rapport.

Mais dès que nous en pouvons donner la raison, nous entrons dans un autre domaine. Pour donner la raison de ce rapport constant et nécessaire, il faut que nous ayons trouvé, soit un nouveau rapport constant et nécessaire entre lui et un autre d'où nous le dérivons, soit une équivalence complète entre les deux termes du rapport considéré, lequel devient une identité. Qu'avons-nous fait ? Nous avons systématisé deux inductions, ou deux faits antérieurement isolés : Dans les deux cas un terme devient la conséquence de l'autre. Poser l'un, c'est, par voie de conséquence, poser l'autre. Ils ne peuvent se présenter l'un sans l'autre. Et alors, non seulement nous constatons, en fait, la relation inductive, mais nous *comprenons* qu'elle ne peut pas ne pas être, si la relation dont nous la dérivons a été elle-même constatée.

La déduction est désormais possible. Au lieu d'avoir une série d'inductions isolées, il se trouve que nos inductions se hiérarchisent d'elles-mêmes, puisqu'elles se laissent dériver les unes des autres. Les faits se déduisent les uns des autres, car ils ne sont que les transformations les uns des autres ; mais cela, par un procédé analogue à celui que nous avions employé pour établir chacun d'eux.

L'esprit n'emploie le raisonnement a priori que d'une façon apparente.

Nous parvenons, en réalité, à opérer cette dérivation ou cette déduction, sur la foi de l'expérience, de l'intuition, du fait. Et le droit, le rationnel, le logique sortent ainsi de l'expérience, de l'intuition, et du fait. Une relation d'équivalence nous est donnée entre deux lois ou entre deux faits. Deux intuitions se superposent l'une à l'autre. Nous sommes forcés de constater la chose. et cette constatation donne à notre esprit une assurance qu'il ne possédait pas. Qu'il en soit autrement ne peut plus être pensé. Nous prévoyons, bien mieux, nous voyons, l'un des termes étant donné, toutes les variations de l'autre.

La grande vertu de la déduction est donc de nous faire comprendre ce que l'induction nous faisait seulement formuler. Il n'y a pas entre elles d'autre différence. Car les relations établies restent les mêmes, et l'expérience est toujours l'*ultima ratio* qui légitime le raisonnement. Seulement, dans un cas, l'expérience se présente comme une affirmation isolée qui s'impose sans laisser apercevoir sa raison d'être. Dans l'autre cas, les expériences se relient entre elles, et montrent par là même leur raison d'être : le principe des successions nécessaires cède la place à une forme intuitive du principe d'identité[1].

Aussi ne paraît-il pas exact de dire que l'induction généralise, tandis que la déduction particularise, du moins la déduction scientifique ? Elles se trouvent toutes les deux, établir des généralisations successives. Il ne paraît pas exact non plus de dire que l'une procède de l'expérience, et que l'autre procède rationnellement, puisqu'il y a toujours, dans le domaine des sciences physiques, intervention nécessaire de l'intuition

---

1. Voir les analogies entre l'induction et la déduction : Claude Bernard, *Introduction à la médecine expérimentale*, 1re partie, *in fine*. Le point de vue est d'ailleurs très différent de celui auquel je me place ici.

expérimentale [1], de même que, dans le domaine mathématique, intervention nécessaire de l'intuition de l'objet des mathématiques, quelle que soit sa nature, ainsi que Kant paraît bien s'être efforcé de l'établir.

La seule différence qui résiste à tout effort d'assimilation entre ces deux procédés du raisonnement, c'est que l'induction généralise sur la foi de l'expérience, sans comprendre la raison qui légitime et fonde cette généralisation, tandis que la déduction généralise, sur la foi de l'expérience, en mettant en évidence la raison de cette généralisation : parce que l'expérience (encore l'expérience et toujours l'expérience) a permis d'assimiler les résultats d'autres expériences, jusque-là sans rapports apparents.

Certes, la déduction est l'instrument nécessaire de l'application d'un principe général à un cas particulier : car comment comprendre qu'on induise une conséquence partielle, à partir d'une loi générale : on opérerait alors, au sens où nous prenons le mot, une déduction, puisque les deux propositions seraient d'elles-mêmes liées, l'une rendant compte de l'autre. Aussi, quand on applique une loi générale à un cas particulier, et

---

1. Voir Berthelot, *Réponse à Renan* (in *Dialogues philosophiques*) sur la nécessité de l'expérience dans les parties rationnelles des sciences physico-chimiques : le début de la lettre surtout.

que l'on demande à l'expérience de vérifier la
prévision qu'autorise cette application, on réalise
le type même du raisonnement déductif. C'est
cela, je crois, qui, joint à la nature et au rôle de
la déduction scolastique et formelle, a répandu
cette croyance, devenue presque axiomatique :
la déduction va du général au particulier, tandis
que l'induction va du particulier au général. Et
c'est encore cela qui a pu faire dire que la déduction scientifique se passe de l'expérience, se
déroule a priori. La déduction, lorsqu'elle particularise, considère, en effet, que la majeure est
acquise ; et alors a priori la conclusion en résulte.
Dans ce cas, pour que la déduction soit valable,
il suffit que les règles du raisonnement soient res-
pectées.

5. — Il ressort de là cette conclusion, que la
déduction, dans les sciences, n'est pas un simple
procédé de systématisation chargé de classer
arbitrairement et *commodément* des connaissances fournies par des procédés tout à fait dis-
semblables.

Cette systématisation n'est pas indépendante
de l'expérience et de l'intuition ; elle les continue,
au contraire, et les complète ; la systématisation
augmente réellement nos connaissances, en fon-
dant en raison, en faisant comprendre les lois
naturelles qu'elle rassemble, ce que la simple
induction ne fait pas. Et si la systématisation

déductive peut paraître arbitraire, c'est parce que, d'après les conditions normales de la connaissance, n'étant qu'une induction considérée à un autre point de vue, prise par un autre biais, elle est, comme elle, hypothétique, si les principes qui lui servent de point de départ sont eux-mêmes hypothétique. Et elle ne peut être, *d'abord*, qu'hypothétique. C'est à cette condition qu'elle aide aux progrès de la science.

Si l'on revient aux deux grandes systématisations physiques actuelles, il semble bien que celle des deux, qui est le plus conforme au processus psychologique de la déduction scientifique, c'est le mécanisme. La déduction réelle, celle que la science emploie d'une façon efficace et effective, et que nous retrouvons toutes les fois que nous retombons sur une connaissance qui essaye de s'expliquer et de se présenter sous une forme systématique n'est que la forme générale de raisonnement dont le mécanisme est l'application particulière aux phénomènes physico-chimiques. On inventerait imaginativement une systématisation de ces phénomènes qui répondît exactement, point pour point, au processus déductif qui vient d'être analysé, qu'on retomberait sur la systématisation que cherche à réaliser le mécanisme. Autrement dit, l'idéal du mécanisme est l'idéal de la déduction scientifique telle qu'on peut la concevoir dans le domaine physico-chimique : pré-

senter les choses conformément à l'expérience ;
réduire le plus possible les relations, qui constituent les lois naturelles, les unes aux autres ; par
suite, reconstruire, d'une façon synthétique ces
relations avec le plus petit nombre possible d'éléments homogènes, représentables, en attendant
toujours de l'expérience la confirmation de cette
réduction du même au même ; enfin, faire servir
la systématisation à la découverte ou à l'extension
de nos connaissances.

L'énergétique, au contraire, sépare complètement la systématisation de la découverte inductive ; ou plutôt, elle les place dans deux domaines
indifférents l'un à l'autre. Elle superpose une
science rationnelle et démonstrative à une science
expérimentale et inductive. L'esprit part de concepts qu'à son gré il a formés, « more geome-
trico » comme dit Duhem, à propos de la défini-
tion de la modification réversible. En suivant les
conséquences logiques, qu'autorisent les simples
lois de l'implication des concepts, il retrouve
d'une façon symbolique, ou, si l'on aime mieux,
il repère les constatations expérimentales. Il y a
là une réduction des sciences expérimentales aux
sciences mathématiques, ou mieux encore une
superposition des secondes aux premières, grosse
de difficultés. Elle postule à propos des sciences
mathématiques, la thèse de l'idéalisme ou du
formalisme mathématique. Elle suppose que

celles-ci sont une science de concepts. Cette thèse n'est qu'une des thèses possibles au sujet des sciences mathématiques et la thèse intuitive n'est encore, ni réfutée, ni abandonnée. La théorie énergétique considère en outre d'une façon abstraite et artificielle la déduction qui se rencontre dans les théories physico-chimiques.

In abstracto, si l'on prend une théorie comme un tout isolé et indépendant, et qu'on l'étudie au point de vue logique, il est aisé de remarquer que le progrès de la pensée s'y fait selon les lois simples de l'implication des concepts et de la logique formelle.

Mais on en peut dire autant de tout raisonnement, quel qu'il soit. Il faut regarder, si l'on veut faire, non de la logique formelle, mais de la logique réelle, ce qu'il y a sous ces implications de concept et sous ces concepts. Or, dans les sciences physico-chimiques, il y a des relations expérimentales, des intuitions empiriques. C'est parce que ces données engendrent des concepts ou des propositions, ou se mettent sous la forme de concepts ou de propositions, c'est parce que ces relations sont traduites dans l'esprit par des implications de concepts ou de propositions, que la théorie physique déductive est possible. Toutes les représentations engendrent, par leur évolution psychologique normale, des concepts, et entretiennent entre elles; — à moins que l'on ne

veuille revenir à un grossier atomisme psychologique que la psychologie a définitivement con-
damné, — des relations qui deviendront des implications de concepts ou de propositions. C'est
pourquoi la logique formelle peut-être définie,
comme le font les logiciens récents, la science
des relations les plus générales qui soient entre
les choses conçues simplement comme des posi-
tions de la pensée, des *pensables,* des *possibles.*
C'est pourquoi aussi toute induction peut être
présentée comme une déduction et tend nécessairement à s'insérer dans une théorie déductive.
Qu'on prenne alors, à part, l'implication des concepts, et la théorie semble une création arbitraire
de l'esprit, une spéculation sur le possible, ou le
pensable, et non sur le réel, une spéculation contingente entre une infinité d'autres possibles. On
oublie forcément ce qui la conditionne, ce qui la
produit, ce qui la crée à l'origine, et ce qui la crée
à chaque pas de son développement. De là, la
théorie formaliste de la théorie physique, simple
forme d'exposition. Mais, en réalité, cette forme
d'exposition est conditionnée par l'ordre d'acquisition des connaissances. Elle ne s'en détache
qu'artificiellement. Elle n'a de valeur que par les
constatations empiriques dont elle est l'enveloppe,
et elle a d'autant plus de valeur qu'elle masque
moins ces constatations empiriques, qu'elle cherche à avoir avec elles le lien le plus étroit; elle

est moins un système de concepts, qu'un système
de représentations figurées, ou plutôt le système
de concepts ne dissimule pas ses origines réelles
dans le système des représentations sensibles ; il
sert au contraire à mettre en évidence les relations de l'expérience. L'expérience, il faut le
répéter, ne se compose pas d'une poussière de
données que l'on relie entre elles de l'extérieur et
d'une façon artificielle. Mais l'expérience est un
continu, et les relations de l'expérience sont des
données, au même titre que les termes qu'elles
relient, des données plus réelles mêmes, car le
terme est psychologiquement une découpure artificielle. Ce que la nature nous présente, ce sont
des variations continues, par conséquent, à proprement parler, sans termes, des liaisons où le
réel saisissable par la pensée est la loi même de
la variation, le continu, la relation.

La théorie, aboutissant de l'expérience, lui
emprunte nécessairement la représentation figurative des relations qui la constituent. Quand elle
pose des termes (atomes, tourbillons, etc.), ces
termes, il ne faut pas s'y méprendre, ne sont que
des relations, les formes concrètes et perceptibles
des relations.

La théorie se développera donc dans la science
expérimentale et comme elle, se précisant avec
elle, se modifiant avec elle, à mesure que les
expérimentations gagnent en largeur, en profon-

deur, en précision, et corrigent les erreurs d'une expérimentation grossière et insuffisante. Loin d'être une simple forme d'exposition, elle sera un instrument utile de découverte ; elle sera même l'instrument nécessaire de la découverte. Elle aura cet avantage, par sa forme déductive qui permet de parcourir le champ du possible, d'anticiper sur l'expérience *déjà connue*, et de susciter des remarques sur l'expérience *encore inconnue,* sur l'expérience *à faire.*

Si l'on découvre une relation expérimentale, « en y pensant toujours » c'est à condition qu'on pense sous forme d'expérience et que la pensée soit dirigée vers la découverte. Une pensée purement formelle, et qui ne cherche qu'à mettre en ordre l'acquis ne serait-elle pas, au point de vue de la connaissance en général, et de la science en particulier, une pensée morte ?

CHAPITRE VIII

LE RÈGNE DE LA QUANTITÉ

1. D'après l'Énergétique, les représentations mécanistes altéreraient considérablement l'expérience, qu'elles veulent traduire. — 2. La méthode des résidus. — 3. L'éloignement de la représentation mécaniste et des éléments représentés, est la cause psychologique des progrès de la physique. — 4. Le sens de cet éloignement. — 5. Il est assigné par une loi psychologique générale : l'adaptation nécessaire. — 6. Comment cette adaptation entraîne le mécanisme ; — 7. et une vue quantitative de la nature.

1. Le reproche le plus fréquent fait à la conception figurative de la théorie physique, et le reproche que la plupart des énergétistes considèrent comme le plus grave, c'est qu'en voulant exprimer l'expérience, le mécanisme en altère les données. On peut dire que le système qualitatif auquel aboutit, avec Duhem et Ostwald, l'énergétique, s'appuie sur la nécessité primordiale pour le physicien de respecter l'expérience, et, si l'on étudie les raisons données par Rankine d'abord, par Mach ensuite, pour la réforme qu'ils proposent

dans le champ de la théorie physico-chimiques,
c'est bien le respect de l'expérience qui paraît être
la source des idées réformistes. Il faut reconnaître
que cette objection adressée aux théories figuratives n'est pas sans paraître plausible. Il y a loin
de l'expérience aux représentations mécanistes.
des faits naturels aux modèles mécaniques, de nos
perceptions à la représentation électronique de
l'univers, de l'infinie variété des phénomènes aux
systèmes simples des relations modelées sur les
relations élémentaires de la mécanique, d'un
Maxwell ou d'un Hertz. L'énergétique a beau jeu
pour leur opposer ses formules, qui, par elles-
mêmes étant de simples formes, n'impliquent à
aucun degré une analyse, une ressemblance, ni
même une équivalence entre elles et leur contenu.
L'énergétique peut, en effet, se présenter comme
un langage et n'être que cela. Une théorie conceptuelle, au sens moderne de cette expression,
n'a besoin d'avoir aucun rapport direct avec les
connaissances expérimentales auxquelles elle
s'applique. Elle n'est qu'un symbolisme, un système de repères ou de signaux. Très utile pour
indiquer le chemin, une fois qu'il a été tracé, elle
est aussi étrangère à son percement que les systèmes de signaux employés sur une voie ferrée à
l'établissement de la voie.

Au contraire la théorie mécaniste. et toutes les
théories figuratives procèdent d'un tout autre

esprit. Une de leurs conditions essentielles, originaires, c'est d'établir certaines analogies, certaines équivalences, certaines concordances réelles, entre l'expérience et les représentations qu'elles en donnent. Un figuratisme ne peut pas être un pur symbolisme; sans quoi il compliquerait étrangement la question. L'énergétique, à ce point de vue, sera toujours plus simple et plus souple. Aspirant à rendre d'utiles services à la découverte, à en être l'instrument, la représentation mécaniste ne peut pas se désintéresser de la présentation réelle de l'expérience. La théorie figurative n'a vraiment de sens qu'à condition d'être une anticipation sur le réel; elle a la prétention de correspondre à des données de l'expérience, et de prolonger notre perception dans les régions encore inconnues et non perceptibles. En tout cas tous les éléments qu'elle met en œuvre et toutes les liaisons qu'elle établit, sont soumises au contrôle plus ou moins direct et plus ou moins prochain de l'expérience. Et là où elle emploie des formules symboliques (Maxwell, Hertz, etc.), ces formules s'appuient cependant sur des données de la perception (masse, mouvement, liaisons) et ont toujours le secret espoir de voir leur formalisme, vide encore, se remplir tôt ou tard d'un contenu emprunté aux données perceptives.

Seulement cette figuration est pleine d'incertitudes, d'hiatus et de lacunes : c'est pourquoi elle

est essentiellement hypothétique, c'est pourquoi
aussi elle est un agent actif de découverte. Son
imperfection même pousse à la recherche, car il
faut constamment l'amender et la transformer.
On le sait, et on poursuit les rectifications utiles.
De cette poursuite sont nées presque toutes les
découvertes dans le domaine physico-chimique.

2. — Les astronomes ont souvent parlé avec
complaisance de tout ce qu'ils doivent à la méthode des résidus. C'est presque toujours un phénomène résiduel, c'est-à-dire un phénomène inexplicable avec les données de l'hypothèse prise
pour point de départ, qui a amené la découverte
d'une cause nouvelle, ou d'un fait ignoré : le
résidu inexplicable par l'explication proposée,
voilà, au moins le plus ordinairement, le ressort
de la recherche et de l'invention dans la science
de l'astronomie.

Je crois qu'on pourrait faire une remarque
identique en physique. Là aussi, ce sont les phénomènes résiduels, les insuffisances, les hiatus,
les lacunes d'une explication (ou d'une hypothèse
présentée comme explicative), qui ont poussé les
chercheurs à aller plus loin dans la recherche et
ont fini par ouvrir à la science des aperçus nouveaux et même des lois nouvelles.

Il y aurait de ce point de vue une correction
intéressante et absolument nécessaire à faire
dans la méthodologie traditionnelle des sciences

de la nature telle qu'on l'expose depuis John
Stuart Mill. La méthode des résidus n'a rien de
comparable aux trois méthodes dont Mill avait
déjà esquissé la théorie. Ces trois méthodes sont
essentiellement des directions générales d'expérimentation. Elles ont pour objet essentiel de
fournir des procédés de vérification pour les
hypothèses du savant. On dit qu'elles sont les
moyens à employer dans la recherche des causes.
Cela non plus n'est pas très exact. La recherche
des causes est essentiellement un travail de
l'esprit qui se fait avec des idées préconçues,
avec des hypothèses. Les méthodes de concordance, de différence, de variations concomitantes,
ne servent qu'à vérifier si telle cause supposée
est bien exacte, si telle relation imaginée par le
savant existe bien en fait. Ces méthodes n'inter-
viennent dans la recherche des causes qu'a posteriori et comme contrôle. Contrôle indispensable
d'ailleurs, contrôle nécessaire et suffisant, avec
une expérimentation systématique.

La méthode des résidus est tout autre ; elle est la
méthode d'invention, la méthode qui suggère l'hypothèse, la méthode de découverte. Et comment
s'emploie-t-elle ? Elle s'emploie en partant de la
théorie admise jusque-là, jusque-là supposée représenter tout le connu, et en constatant son insuffi-
sance. Le savant cherche alors à se représenter
l'inconnu de telle sorte que l'hypothèse antérieure

soit rectifiée afin de coïncider avec l'expérience.
Comme Le Verrier pour ce qui devait être Neptune,
le savant calcule imaginativement ce qu'il faudrait
supposer pour que l'expérience (dans les trois
méthodes usuelles d'expérimentation) coïncidât
avec ses prévisions. Pour établir ce calcul il faut
qu'il parte des termes déjà connus, de l'hypothèse
traditionnelle, en essayant de se représenter l'inconnu d'une manière qui se concilie avec le
connu, ou ne le déforme que très peu, si bien que
la nouvelle théorie est toujours dans une certaine
mesure la continuation de l'ancienne, et s'appuie
sur les mêmes principes. Cette recherche qui n'est
jamais une illumination soudaine, mais résulte
de calculs systématiques, et d'une longue pensée
ou d'une longue patience, a en général pour
résultat la découverte de la relation nouvelle qui
supprime tout ou partie du résidu inexpliqué, et
harmonise à nouveau le système représentatif de
l'univers scientifique, un instant troublé. De cette
esquisse rapide du rôle particulier et essentiel de
la méthode des résidus il ressort que la correction
de Mill à la théorie méthodologique de Bacon est
plutôt malheureuse, car il a assimilé ce qui n'était
pas assimilable ; il en ressort aussi l'idée d'une
logique de l'invention et de la découverte. Cette
logique a ses procédés propres, et l'invention est
beaucoup plus systématique qu'on n'a coutume
de l'admettre. Elle résulte de raisonnements qui

ont leurs lois, et de tout un échafaudage de la pensée qui n'est nullement livré au hasard. L'invention physique a son déterminisme comme la solution des problèmes mathématiques.

Si cette vue est exacte, on conçoit la supériorité des hypothèses figuratives à ce nouveau point de vue, et la légitimité du mécanisme, servi par ses imperfections mêmes, comme méthode de découverte, car qu'est-ce que le mécanisme, sinon une vue systématique de la nature où la découverte nouvelle est fonction des découvertes anciennes, et se fait toujours à propos d'un résidu encore inexpliqué par suite de l'inadéquation des procédés figuratifs... La variation de la masse aux vitesses proches de la lumière, voilà un résidu dans la théorie traditionnelle du mécanisme. On l'expliquera en songeant à une mécanique électromagnétique, qui ne contredira pas la mécanique traditionnelle, mais rectifiera ses notions fondamentales en en étendant le sens, et en l'harmonisant avec les faits nouveaux révélés par le phénomène résiduel. Cette rectification ne brisera pas la théorie, elle la continuera dans la même direction.

3. — Une conclusion se dégage. Les éléments qui entrent dans la construction des hypothèses figuratives doivent être, dans des sciences qui sont, à tout prendre, beaucoup plus près de leurs débuts que de leur achèvement, fort loin des données em-

piriques envisagées dans leur infinie complexité ; et cela ne peut être un argument contre elles ; au contraire. Elles n'ont rendu de services qu'à cette condition. Les divergences — au début considérables et nombreuses — qui existent entre la théorie représentative et l'expérience, sont la source du progrès scientifique, et à tout le moins, le ressort de la recherche scientifique. Le domaine — très large encore — qui sépare les résultats *empiriques* de la théorie scientifique est le terrain d'élection du chercheur, la contrée ouverte aux explorations vraiment fructueuses. Et ces représentations actuelles, si sommaires qu'elles soient, si loin du réel qu'elles se trouvent situées, sont les points d'appui nécessaires aux explorations futures.

4. — Mais si la figuration qui s'est élaborée à un moment donné du développement des sciences physico-chimiques fournit les points d'appui alors nécessaires pour pousser plus avant dans l'inconnu, elle ne peut être imaginée au hasard. Il ne suffit pas de dire que l'hypothèse figurative est loin du réel, que ce n'est pas un argument contre elle, mais au contraire un heureux accident. Le vague de cette formule laisserait la porte ouverte à un arbitraire qui est loin de l'esprit scientifique, et en particulier de l'esprit mécaniste. Il faut indiquer dans *quelle direction* l'hypothèse figurative s'éloigne des apparences sensibles. Elle ne peut servir à la découverte que si par

sa situation même, elle fournit un point d'appui privilégié. C'est une affirmation qui revient constamment sous la plume des historiens critiques de l'astronomie, que si Tycho, Copernic, Képler, Galilée, avaient eu des instruments plus précis, des données expérimentales plus exactes et plus riches en détails, il eût été impossible, ou, en tout cas, beaucoup plus long et pénible, de constituer la mécanique céleste[1]. On en pourrait dire autant de toutes les parties de la physique. Mais les théories ultérieures ont-elles fait table rase du système de Copernic ou du système de Képler ? Non, les simplifications introduites par leurs hypothèses ont laissé leur empreinte profonde. Il en va de même dans la physique.

Les premières simplifications que nous puissions envisager en présence de la nature sont celles dont résulte la science de l'ordre, du nombre et de l'étendue. La mathématique. Nous passons ensuite à la science du mouvement en général, et des corps considérés uniquement comme des mobiles dans l'espace. Pour en traiter, non seulement nous ne devons pas renoncer aux abstractions et aux simplifications de la mathématique, mais il faut au contraire nous appuyer constamment sur elles et les prolonger. La mécanique se construit à l'aide de la mathé-

---

1. Voir à ce sujet Poincaré. *La Science et l'Hypothèse.*

matique, à partir de la géométrie, comme une géométrie du mouvement, comme une promotion de la mathématique. Au tour de la physique de suivre la même voie, et de se présenter comme une mécanique des phénomènes physiques.

5. — Il y a là une loi que nous pouvons vérifier partout, une loi psychologique de la connaissance. Elle existe aussi bien dans la connaissance instinctive, que dans la connaissance réfléchie et dans cette œuvre particulière de la réflexion que sa précision a fait appeler la science, la connaissance pleinement et vraiment digne de ce nom.

Les travaux les plus récents de la psychologie expérimentale montrent que l'origine de la connaissance perceptive, l'acte instinctif le plus simple comporte une assimilation de données hétérogènes, par suite d'une attitude identique provoquée dans l'organisme moteur. Il y a donc déjà pour cet organisme, dans l'adaptation sensorimotrice, qui s'établit entre lui et son milieu, une rectification des données primaires de l'expérience qui ramène à l'unité une diversité apparente. Or, pourquoi cette rectification s'impose-t-elle à la connaissance comme une loi, pourquoi ne connaissons-nous, qu'en rectifiant l'expérience purement sensible, et en conservant d'une façon stable ces rectifications? Répondre que c'est dans un simple but d'arbitraire commodité, n'est peut-

être pas complètement faux, mais à coup sûr est
insuffisant, car cette simplification a quelque
chose de nécessaire. Elle ne se fait pas au hasard
et elle ne disparaît pas lorsque est atteint un stade
où cette simplification paraît en face du réel, trop
simpliste. Au contraire elle subsiste, elle acquiert
même une extension plus grande à mesure que
s'accroît la connaissance. Le mécanisme n'est
que l'application de cette loi psychologique dans
la connaissance des phénomènes physiques.

Les nécessités de notre être organique et cons-
cient créent donc non une simplification du
donné, mais au fond une adaptation nécessaire
qui, quels que soient les changements qu'elle
subit dans la suite, conserve ses caractères
essentiels, parce qu'ils correspondent à des exigences vitales primitives. Les choses ne peuvent
et ne doivent nous apparaître qu'à travers cette
rectification progressive, cette adéquation. Si
bien que notre système recule, c'est le système
même qui étant donné ce que nous sommes, correspond le mieux à la nature des choses. Si la
connaissance a imposé des rectifications aux
premières données de l'expérience, ces rectifications étaient nécessaires pour que notre représentation fût conforme à ce qu'elle est chargée de
représenter. Ce ne sont pas les données qualitatives originaires qui fournissent la vue la plus voisine du réel : elles ne sont que de grossières

approximations de sens peu exercés. Ce sont au contraire des rectifications, imposées à ces données originaires, et que nous pouvons dès lors appeler du nom qu'elles ont reçu des philosophes : la raison ou le rationnel.

Voici, d'un point de vue psychologique tout actuel, ranimée la philosophie qui, depuis le xvi⁰ siècle, a guidé notre connaissance. Pour métaphysique qu'elle soit, l'hypothèse rationaliste traditionnelle, n'est pas très éloignée de la physique contemporaine. Le mécanisme expérimental ne fait que la rajeunir.

6. — Si l'on cherche maintenant pourquoi la connaissance, en se rectifiant, en s'ajustant, en se rationalisant, donne à la représentation des phénomènes physiques une forme cinétique, c'est encore vraisemblablement dans notre organisation psychologique, dans l'histoire de notre adaptation intellectuelle, qu'il en faut chercher la raison.

Le mouvement est, la plupart du temps, le seul indice que nous ayons d'une manifestation de l'énergie. C'est par lui que nous constatons en général les changements qui surviennent dans l'état d'un corps. En tout cas, c'est sur lui que s'est portée d'abord l'attention de ceux qui voudraient expliquer la nature physique : mouvement des corps célestes, mouvement des machines simples et mouvement de chute vers la surface

de la terre : les phénomènes électriques et magné-
tiques ont été décelés par des déplacements de
masse : attractions et répulsions. L'hydrostatique
s'est constituée en considérant le mouvement ou
l'équilibre d'un liquide, et en en cherchant les conditions. Le mouvement d'une corde produit le son
et peut servir à l'étudier. De même le mouvement
de l'air. La chaleur est mesurée grâce à un mouvement de dilatation qui se produit dans le corps
qui s'échauffe. Les lois de la réflexion et de la
réfraction en optique, les premières établies dans
ce domaine, se rapportaient toutes à des *directions* de rayons lumineux, donc à des modes de
mouvement. Les changements d'états de la
matière, la mixtion, la combinaison chimique :
tout cela résulte toujours d'un mouvement dont
souvent l'œil peut suivre les grossières résul-
tantes.

Attractions et répulsions, régime permanent,
ondes sonore, courant électrique, flux de chaleur,
réactions chimiques, transmutations chimiques,
etc, autant d'expressions très anciennes, contemporaines des premières recherches sur la nature,
et qui toutes sont des images empruntées au mouvement. Même quand il s'agit de l'altération ou
de la conception d'un corps au repos, de ces
changements que le péripatétisme considérait
comme des changements purement qualitatifs,
on voit toujours des déformations, des déplace-

ment locaux. Le changement de couleur du fer qui s'échauffe est parallèle à un changement de volume, et de forme. Or pour qu'un volume, une forme, puissent changer, il faut que les différentes parties, les éléments se déplacent relativement les uns aux autres ; de même dans un mélange, ou dans une combinaison chimique de deux corps placés l'un à côté de l'autre : de là, la notion que tous ces changements qualitatifs sont liés à des déplacements particulaires, aux mouvements complexes d'éléments très petits, dont nous pouvons suivre superficiellement (dans la dissolution, l'évaporation par exemple) les lointains et plus considérables effets, encore sous la forme de mouvements.

En somme, la notion que tout changement qualitatif résulte du mouvement élémentaire, était le résultat d'une somme énorme d'expériences conscientes et d'une somme plus énorme encore d'expériences inconscientes. Avons-nous d'autres moyens d'agir sur les choses qu'en nous mouvant et en les mouvant ? Le germe de la notion de travail mécanique, de l'action sur une chose, grâce au mouvement de ce qui agit, continué par le mouvement de ce sur quoi s'exerce l'action, est là. Le mécanisme résume, en somme, l'instinct de la race, parce qu'il résume toutes les expériences de la race. Ajoutons que seul il nous donne une image sensible, une représentation

intelligible de toute transformation et que tous les
progrès de la science ont amené à entrevoir, sous
les transformations chimiques et physiques, du
mouvement. Une propagation, une vitesse, des
accroissements et des diminutions, c'est-à-dire
des déplacements relatifs, du mouvement, sont
sensibles dans toutes les transformations qualitatives, tandis que celles-ci paraissent spécifiques,
irréductibles, dans chaque cas particulier. Elles
semblent bien des apparences, rien que des apparences, qui dépendent de l'état et de la constitution de nos sens, tandis que le mouvement apparaît comme le fond identique et homogène qui fait
naître ces apparences.

7. — L'adaptation nécessaire qui devait s'établir
entre notre milieu et notre être a abouti, en outre,
à nous donner une vue spatiale des choses. La
coexistence et le devenir des actions contre les-
quelles nous avons à réagir se sont traduites en
ce langage humain. Leur prévision et leur comparaison précise a engendré les notion d'ordre et
de mesure. L'évolution a donc imposé à l'espèce
humaine une représentation des choses, un univers bien déterminés ; et cela bien avant que la
réflexion eût organisé, parfait, et rendu maniables,
par la mathématique, les exigences et les divi-
nations obscures de l'instinct. Cette représentation, cet univers, sont la seule représentation possible, le seul univers réel que nous puissions

concevoir, puisque nous ne pouvons sortir de nous-mêmes. Ils sont pour nous le réel, ce que les philosophes ont appelé la substance, l'être, la chose. Se demander si les choses en soi sont autres qu'elles nous apparaissent, est bien oiseux, à ce point de vue. Car en vertu de l'adaptation, de la réduction, de l'évolution, en vertu de tout ce que peut être l'inconnaissable, elles sont comme elles nous apparaissent, et nous apparaissent comme elles sont : être et apparaître ne pouvant faire qu'un, si l'on veut être positif. Un problème qui en double un autre ne peut pas, ne doit pas être posé, comme le faisait déjà remarquer Aristote dans sa critique des Idées platoniciennes.

De ce réalisme intégral, il résulte donc que notre représentation du monde physique doit être, elle aussi, susceptible de mesure, et d'ordonnance mathématique ; elle doit l'être, et l'évolution l'amène constamment à l'être, aussi complètement que possible. Au terme, peut-on se risquer à dire qu'elle le sera absolument ? Le mécanisme, le mécanisme cinétique actuel surtout, ne sont-ils pas alors la voie royale de la physique ? D'un point de vue évolutif, le règne de la qualité est le règne obscur de l'instinct, la période des origines ; le règne de la quantité se substitue graduellement à lui dans le domaine de la connaissance. Il est l'avenir de notre empire intellectuel.

La raison n'est pas autre chose que sa progressive organisation.

Ainsi jusque dans les particularités du cinétisme actuel on peut suivre les besoins psychologiques qui l'ont créé, et conjecturer que ces besoins ne sont pas contingents. Ce sont des nécessités de l'évolution intellectuelle.

Le rationalisme serait-il la direction unilinéaire du développement inflexible de la pensée humaine, et la physique mécaniste contemporaine représenterait-elle une étape inévitable de ce développement, un rationalisme plus souple, plus psychologique, plus près des faits, plus positif en un mot ? Ou en renversant le point de vue, le rationalisme philosophique ne serait-il pas l'effort ininterrompu et progressif vers la science positive, vers la Science ?

Vu, le 31 juillet 1906.

Le Doyen de la Faculté des Lettres
de l'Université de Paris.

A. CROISET

Vu et permis d'imprimer

Le Vice Recteur de l'Académie de Paris,
L'Inspecteur d'Académie,
FRINGNET.

TABLE DES MATIÈRES

Chapitre V. — Les différentes formes d'imagination et les théories physiques.

Chapitre VI. — Limites que la psychologie de la connaissance semble assigner à l'énergétisme.

Chapitre VII. — La déduction et l'induction du point de vue psychologique.

Chapitre VIII. — Le règne de la quantité.

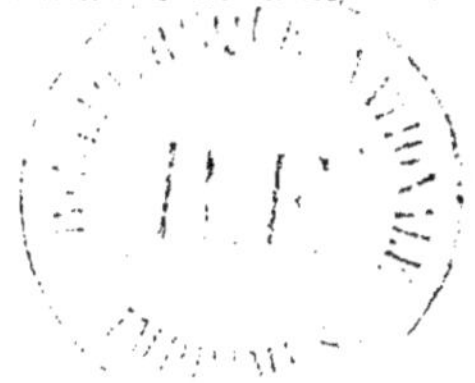